住房和城乡建设部中等职业教育建筑施工与建筑装饰专业指导委员会规划推荐教材

装饰工程质量检测

（建筑装饰专业）

姜秀丽　陈亚尊　主　编
张玉威　主　审

中国建筑工业出版社

图书在版编目（CIP）数据

装饰工程质量检测 / 姜秀丽，陈亚尊主编．—北京：中国建筑工业出版社，2019.12（2024.8重印）

住房和城乡建设部中等职业教育建筑施工与建筑装饰专业指导委员会规划推荐教材. 建筑装饰专业

ISBN 978-7-112-24362-4

Ⅰ.①装… Ⅱ.①姜… ②陈… Ⅲ.①建筑装饰—工程质量—质量检验—中等专业学校—教材 Ⅳ.①TU767.03

中国版本图书馆CIP数据核字（2019）第233351号

本书根据教育部2014年公布的《中等职业学校建筑工程施工专业教学标准（试行）》以及国家最新颁布实施的规范、标准、图集，结合工程实际应用，采用了近年来在职教领域比较推崇、又适合职业教育教学的“项目教学法”体例编写。

按照《建筑装饰装修工程质量验收标准》GB 50210-2018内容，本教材共分15个项目，分别从概论、常用工具设备仪器、抹灰工程、门窗工程、吊顶工程、涂料涂饰工程、轻质隔墙工程、饰面砖、饰面板工程、幕墙工程、裱糊与软包工程、地面工程、装饰细部工程、室内环境质量检测等项目内容做了详细的介绍；针对教材编写要求，第15个项目又添加了装饰工程质量检测资料管理编写内容。项目实施过程中涉及的理论知识点、实操要点、紧紧围绕解决项目要求的问题，采用“必须、够用、实用”原则。教材内其他如知识拓展、能力测试等需要学生掌握、了解的与解决项目问题相关的内容，可以通过扫描书中的二维码进行学习。

本书主要作为中等职业学校建筑装饰专业的职业方向课程教材，也可以作为高职高专相关专业教材，以及建筑施工技术人员培训学习和技能鉴定的参考书。

为了更好地支持本课程教学，本书作者制作了教学课件，有需求的读者可以发邮件至10858739@qq.com免费领取。

责任编辑：刘平平
责任校对：赵　菲

住房和城乡建设部中等职业教育建筑施工与建筑装饰专业指导委员会规划推荐教材
装饰工程质量检测
（建筑装饰专业）
姜秀丽　陈亚尊　主编
张玉威　主　审
*
中国建筑工业出版社出版、发行（北京海淀三里河路9号）
各地新华书店、建筑书店经销
北京点击世代文化传媒有限公司制版
建工社（河北）印刷有限公司印刷
*
开本：787×1092毫米　1/16　印张：16½　字数：371千字
2020年8月第一版　2024年8月第二次印刷
定价：48.00元（赠课件）
ISBN 978-7-112-24362-4
（34865）

序言 Preface

住房和城乡建设部中等职业教育专业指导委员会是在全国住房和城乡建设职业教育教学指导委员会、住房和城乡建设部人事司的领导下，指导住房城乡建设类中等职业教育（包括普通中专、成人中专、职业高中、技工学校等）的专业建设和人才培养的专家机构。其主要任务是：研究建设类中等职业教育的专业发展方向、专业设置和教育教学改革；组织制定并及时修订专业培养目标、专业教育标准、专业培养方案、技能培养方案，组织编制有关课程和教学环节的教学大纲；研究制订教材建设规划，组织教材编写和评选工作，开展教材的评价和评优工作；研究制订专业教育评估标准、专业教育评估程序与办法，协调、配合专业教育评估工作的开展等。

本套教材是由住房和城乡建设部中等职业教育建筑施工与建筑装饰专业指导委员会（以下简称专指委）组织编写的。该套教材是根据教育部2014年7月公布的《中等职业学校建筑工程施工专业教学标准（试行）》、《中等职业学校建筑装饰专业教学标准（试行）》编写的。专指委的委员参与了专业教学标准和课程标准的制定，并将教学改革的理念融入教材的编写，使本套教材能体现最新的教学标准和课程标准的精神。教材编写体现了理论实践一体化教学和做中学、做中教的职业教育教学特色。教材中采用了最新的规范、标准、规程，体现了先进性、通用性、实用性的原则。本套教材中的大部分教材，经全国职业教育教材审定委员会的审定，被评为“十二五”职业教育国家规划教材。

教学改革是一个不断深化的过程，教材建设是一个不断推陈出新的过程，需要在教学实践中不断完善，希望本套教材能对进一步开展中等职业教育的教学改革发挥积极的推动作用。

住房和城乡建设部中等职业教育建筑施工与建筑装饰专业指导委员会

2018年6月

前言 Preface

《装饰工程质量检测》是根据教育部2014年公布的《中等职业学校建筑工程施工专业教学标准（试行）》以及国家最新颁布实施的规范、标准、图集，结合工程实际应用，采用了近年来在职教领域比较推崇又适合职业教育教学的“项目教学法”体例编写。项目教学法最显著的特点是“以项目为主线、教师为引导、学生为主体”，改变了以往“教师讲，学生听”被动的教学模式，创造了学生主动参与、自主协作、探索创新的新型教学模式。

“装饰工程质量检测”是一门实践性很强的课程，每个项目分为项目概述、学习目标、项目任务、学习支持、项目知识、项目实施、知识拓展、能力测试及实践活动等几个部分内容，教材将这几项内容在学习中循序渐进依次展开，首先在了解掌握了每项子分部工程的质量检测规范标准知识储备之后，着重培养学生的实践能力，一是认识、运用工程质量检测的工具仪器的判定能力；其次是正确操作使用工器具的动手能力；最后是填写、整理、汇总、上报、归档质量检测相关技术文件的管理能力。教材中的知识拓展是囿于教材篇幅限制所安排的内容，此部分内容的甄选原则是：专业、精短、新颖、环保、趣味、贴近行业现状。

本教材中涉及的理论知识点紧紧围绕要解决的项目要求提出的问题展开，采用“必须、够用、实用”原则。在各项目内插入了若干二维码，读者在使用过程中，通过免费扫描二维码可以获得与学习内容相关的视频、图片、文档等生动立体的拓展内容，利于学生的自主学习和掌握。

本教材由姜秀丽、陈亚尊主编，张玉威主审，参与本教材编写的分工如下：河北城乡建设学校姜秀丽编写项目1、2、11、13；河北城乡建设学校陈亚尊编写项目3、8、9、10；河北城乡建设学校郭倩编写项目4、12；金螳螂家装电子商务（苏州）有限公司张进力编写项目5、14；石家庄铁路职业中等专业学校杨爱萍编写项目6、7；河北城乡建设学校张淑敏编写项目15；全书由姜秀丽统稿。

本教材的编写过程中，得到了住房和城乡建设部人事教育司和编写者所在单位的大力支持，在此一并致谢。

由于编者水平有限，加之时间仓促，书中难免存在疏漏和欠妥之处，敬请读者批评指正。

目录

Contents

项目1
装饰工程质量检测概论

【项目概述】

装饰工程是建筑工程主要分部工程之一，装饰工程质量检测是装饰装修质量控制的一个重要环节，加强对装饰工程质量检验，对确保工程按规范、操作规程及设计规定施工，具有不可忽视的作用。《建筑装饰装修工程质量验收标准》GB 50210-2018 是该工作顺利开展和保障人民的切身利益的最根本依据；装饰工程质量检测，是装饰工程质量的基础和最有效的技术保证。

【学习目标】

通过本项目的学习，你将能够：

1. 了解《建筑装饰装修工程质量验收标准》GB 50210-2018 的指导思想和适用范围、主要内容和编制依据及基本规定；
2. 熟悉装饰工程质量验收方法与程序，分项工程、检验批质量验收的相关内容；
3. 熟悉分部（子分部）工程和单位（子单位）工程的质量验收的相关内容；
4. 认识并能正确判定装饰工程质量检测的相关检测仪器和工具。

【项目任务】

到本地装饰材料城、家居城、学校装饰实训室等场所，调研建筑装饰装修工程质量检测的相关内容，进一步熟悉现行主要的规范标准；了解分部、子分部、分项（子分项）工程的概念和内容；调研观看室内空间三大界面各种材料的饰面质量；认识并了解各种检测工具；熟悉建筑装饰装修工程质量检测与验收的各种表格等技术文件。

【学习支持】

1.《建筑装饰装修工程质量验收标准》GB 50210-2018；
2.《住宅室内装饰装修工程质量验收规范》JGJ/T 304-2013；
3.《建筑工程施工质量验收统一标准》GB 50300-2013；
4.《建筑地面工程施工质量验收规范》GB 50209；
5.《民用建筑工程室内环境污染控制规范》GB 50325。

【项目知识】

1.1 装饰装修工程基础知识

1.1.1 基础知识

建筑装饰装修质量检测是依据国家有关工程建设的法律、法规、标准、规范及有关文件进行验收。我国现行装饰装修工程的质量验收最新标准是《建筑装饰装修工程质量验收标准》GB 50210-2018，此标准与现行国家标准《建筑工程施工质量验收统一标准》GB 50300 配套使用；且建筑装饰装修工程的质量验收除应执行此项标准外，尚应符合国家现行有关标准的规定。

装饰装修是一个较为复杂的施工过程，关系到使用功能安全，装饰工程质量检测实施起来较为繁琐，所以将这一较为复杂过程分为装饰施工过程和竣工检测验收阶段。其主要包括施工质量的中间验收和工程的竣工验收两个方面的内容。在具体质量监控过程中，按照这两个阶段来进行合理分工，控制监控重点，通过对工程建设关键产品和最终产品的质量验收，从过程控制和终端把关两个方面进行工程项目的质量控制，以确保提高质量监控的最终效率和成果。

（1）装饰装修检测验收的依据

1）国家现行的勘察、设计、施工等技术标准、规范。其中的标准规范可以分为：国家标准（GB）、行业标准（JGJ）、地方标准（DB）、企业标准（QB）、协会标准（CECS）等。这些标准是施工操作的依据，是整个施工全过程控制的基础，也是施工质量验收的基础和依据。

2）工程资料：包括施工图设计文件、施工图纸和设备技术说明书；图纸会审记录、设计变更和技术审定等；有关测量标桩及工程测量说明和记录、工程施工记录、工程事故记录等；施工与设备质量检验与验收记录、质量证明及质量检验评定等。

3）建设单位与参加建设各单位签订的“合同”。

4）其他有关规定和文件。

（2）建筑装饰装修工程质量检测与验收现行使用的标准及规范

主要有《建筑装饰装修工程质量验收标准》GB 50210-2018、《住宅室内装饰装修工程质量验收规范》JGJ/T304、《建筑工程施工质量验收统一标准》GB 50300、《建筑地面工程施工质量验收规范》GB 50209、《建筑工程施工质量验收统一标准》GB 50300、《混凝土结构工程施工质量验收规范》GB 50204、《建筑内部装修设计防火规范》GB 50222、《建筑设计防火规范》GB 50016、《民用建筑隔声设计规范》GB 50118、《民用建筑工程室内环境污染控制规范》GB 50325、《建筑用硅酮结构密封胶》GB 16776 、《建筑用塑料门》GB/T 28886、《建筑用塑料窗》GB/T 28887、《玻璃幕墙工程技术规范》JGJ 102、《建筑工程饰面砖粘结强度检验标准》JGJ/T 110、《建筑玻璃应用技术规程》JGJ 113、《外墙饰面砖工程施工及验收规程》JGJ 126、《金属与石材幕墙工程技术规范》JGJ 133、《人造板材幕墙工程技术规范》JGJ 336、《建筑室内用腻子》JG/T 298 等。

1.1.2 装饰装修工程及验收相关术语

建筑装饰装修过去还有几种习惯性叫法，如建筑装饰、建筑装修、建筑装潢等，比较混乱。最新标准采用“建筑装饰装修”一词包含了“建筑装饰”、“建筑装修”和“建筑装潢”，而且在最新标准作出定义后实际使用越来越广泛。

（1）建筑装饰装修（building decoration），为保护建筑物的主体结构、完善建筑物的使用功能和美化建筑物，采用装饰装修材料或饰物，对建筑物的内外表面及空间进行的各种处理过程。

（2）分户工程验收（household acceptance），在单位装饰装修工程验收前，对住宅各功能空间的使用功能、观感质量等内容所进行的分户（套）验收。

（3）细部（detail），建筑装饰装修工程中局部采用的部件或饰物。

（4）检验（inspection），对被检验项目的特征、性能进行量测、检查、试验等，并将结果与标准规定的要求进行比较，以确定项目每项性能是否合格的活动。

（5）进场检验（site acceptance），对进入施工现场的建筑材料、构配件、设备及器具等，按相关标准规定要求进行检验，并对其质量、规格及型号等是否符合要求做出确认的活动。

（6）复验（repeat test），建筑材料、设备等进入施工现场后，在外观质量检查和质量证明文件核查符合要求的基础上，按照有关规定从施工现场抽取试样送至实验室进行检验的活动。

（7）检验批（inspection lot），按相同的生产条件或按规定的方式汇总起来供检验用的，由一定数量样本组成的检验体。

（8）验收（acceptance ），建筑工程在施工单位自行检查合格的基础上，由工程质量验收责任方组织，工程建设单位参加，对检验批、分项、分部、单位工程及其隐蔽工程的质量进行抽样检验，对技术文件进行审核，并根据设计文件和相关标准以书面形式对工程质量是否达到合格做出确认。

（9）主控项目（dominant item），建筑工程中的对安全、节能、环境保护和主要使用功能起决定性作用的检验项目。

（10）一般项目（general item），除主控项目以外的检验项目。

（11）抽样方案（sampling scheme），根据检验项目的特征所确定的抽样数量和方法。

（12）计数检验（inspection by attributes），通过确定抽样样本中不合格的个体数量，对样本总体质量作出判定的检验方法。

（13）观感质量（quality of appearance），通过观察和必要的测试所反映的工程外在质量和功能状态。

（14）返修（repair），对施工质量不符合标准规定的部位采取的整修等措施。

（15）返工（rework），对施工质量不符合标准规定的部位采取的更换、重新制作、重新施工等措施。

更多装饰装修工程及验收相关术语扫描二维码 1-1 可见。

二维码 1-1

1.1.3 建筑装饰装修质量检测与验收的程序组织

目前，建筑装饰装修工程所表现的范围主要有两种情况，一种是装饰工程为建筑工程的一个分部工程，其施工项目为建筑工程的装饰分部工程中的分项工程；另一种情况是装饰装修工程为一个独立的单位工程，其施工内容为建筑装饰装修工程的分部和分项工程。当装饰装修工程为建筑工程的分部工程时，其质量检验的标准应遵循国标《建筑工程施工质量验收统一标准》GB 50300-2013 与其他分部工程一并进行。对于以承包装饰装修工程为营业范围的装饰施工企业，尤其是从事独立的单位（或单项）工程施工时，必须严格执行建筑装饰装修工程施工现行的国标，即《建筑装饰装修工程质量验收标准》GB 50210-2018。

建筑装饰装修工程质量检测与验收的程序和组织应遵循以下规定：

（1）检验批及分项工程应由监理工程师（建设单位项目技术负责人）组织施工单位项目专业质量（技术）负责人等进行验收。

（2）分部工程应由总监理工程师（建设单位项目负责人）组织施工单位项目负责人和技术、质量负责人等进行验收；地基与基础、主体结构分部工程的勘察、设计单位工程项目负责人和施工单位技术、质量部门负责人也应参加相关分部工程验收。

（3）单位工程完工后，施工单位应自行组织有关人员进行检查评定，并向建设单位提交工程验收报告。

（4）建设单位收到工程验收报告后，应由建设单位（项目）负责人组织施工（含分包单位）、设计、监理等单位（项目）负责人进行单位（子单位）工程验收。

（5）单位工程有分包单位施工时，分包单位对所承包的工程项目应按标准规定的程序检查评定，总包单位应派人参加。分包工程完成后，应将工程有关资料交总包单位。

（6）当参加验收各方对工程质量验收意见不一致时，可请当地建设行政主管部门或工程质量监督机构协调处理。

（7）单位工程质量验收合格后，建设单位应在规定时间内将工程竣工验收报告和有关文件，报建设行政管理部门备案。

1.1.4 建筑装饰装修工程质量检测与验收内容

建筑装饰装修工程由若干个单位工程组成，一个单位工程在施工质量验收时，可以按照分项工程检验批、分项工程、分部（子分部）、单位（子单位）工程的顺序进行验收，既体现了过程控制的思路，又有利于保证最终产品的质量。内容包括：

（1）分项工程检验批质量的验收，整个单元又可分为主控项目和一般项目的检测和验收。

分项工程检验批是工程质量验收的最小单元，是分项工程乃至于整个建筑工程验收的基础。检验批是施工过程中条件相同并有一定数量的材料、构配件或安装项目，由于其质量基本均匀一致，因此以作为检验的基本单位，按批组织验收。

根据《建筑工程施工质量验收统一标准》GB 50300 第 5.0.1 条有关规定，检验批合格质量应符合下列规定：

1）主控项目的质量经抽样检验均应合格。

主控项目是对建筑工程中的对安全、节能、环境保护和主要使用功能起决定性作用的检验项目。是决定检验批主要性能的项目，因此检验批主控项目必须全部符合有关专业工程验收规范的规定。主控项目中不允许有不符合要求的检验结果，在检查中发现检验批主控项目有不合格的点、位、处存在，则必须进行修补、返工重做、更换器具，使其最终达到合格的质量标准。

2）一般项目的质量经抽样检验合格。

当采用计数抽样时，合格点率应符合有关专业验收规范的规定，且不得存在严重缺陷。对于计数抽样的一般项目，正常检验一次、二次抽样可按《建筑工程施工质量验收统一标准》GB 50300 标准附录 D 判定；一般项目是指主控项目以外的检验项目，应该达到标准要求。

3）具有完整的施工操作依据、质量验收记录。

对检验批的质量检查记录，主要是指从原材料进场到检验批验收的各个施工顺序的操作依据、质量检查情况及质量控制的各项管理制度的检查资料。由于质量保证资料是工程质量的记录，所以对资料完整性的检查，实际是对施工过程质量控制的基本保障。

（2）分项工程质量验收合格应符合下列规定：

1）所含检验批的质量均应验收合格；

2）所含检验批的质量验收记录应完整。

（3）分部工程质量验收合格应符合下列规定：

1）所含分项工程的质量均应验收合格；

2）质量控制资料应完整；

3）有关安全、节能、环境保护和主要使用功能的抽样检验结果应符合相应规定；

4）观感质量应符合要求。

（4）单位工程质量验收合格应符合下列规定：

1）所含分部工程的质量均应验收合格；

2）质量控制资料应完整；

3）所含分部工程中有关安全、节能、环境保护和主要使用功能的检验资料应完整；

4）主要使用功能的抽查结果应符合相关专业验收规范的规定。

1.2 装饰工程质量检测与验收基本规定

根据《建筑工程施工质量验收统一标准》GB 50300-2013、《建筑装饰装修工程质量验收标准》GB 50210-2018、《住宅室内装饰装修工程质量验收规范》JGJ/T 304-2013、《民用建筑工程室内环境污染控制规范》GB 5032-2010 等现行国家标准、规范，建筑装饰装修工程应遵循下述基本规定。

1.2.1 基本规定

（1）设计

1）建筑装饰装修工程应进行设计，并应出具完整的施工图设计文件。

2）建筑装饰装修设计应符合城市规划、防火、环保、节能、减排等有关规定。建筑装饰装修耐久性应满足使用要求。

3）承担建筑装饰装修工程设计的单位应对建筑物进行了解和实地勘察，设计深度应满足施工要求。由施工单位完成的深化设计应经建筑装饰装修设计单位确认。

4）既有建筑装饰装修工程设计涉及主体和承重结构变动时，必须在施工前委托原结构设计单位或者具有相应资质条件的设计单位提出设计方案，或由检测鉴定单位对建筑结构的安全性进行鉴定。

5）建筑装饰装修工程的防火、防雷和抗震设计应符合现行国家标准的规定。

6）当墙体或吊顶内的管线可能产生冰冻或结露时，应进行防冻或防结露设计。

（2）材料

1）建筑装饰装修工程所用材料的品种、规格和质量应符合设计要求和国家现行标准的规定。不得使用国家明令淘汰的材料。

2）建筑装饰装修工程所用材料的燃烧性能应符合现行国家标准《建筑内部装修设计防火规范》GB 50222 和《建筑设计防火规范》GB 50016 的规定。

3）建筑装饰装修工程所用材料应符合国家有关建筑装饰装修材料有害物质限量标准的规定。

4）建筑装饰装修工程采用的材料、构配件应按进场批次进行检验。属于同一工程项目且同期施工的多个单位工程，对同一厂家生产的同批材料、构配件、器具及半成品，可统一划分检验批对品种、规格、外观和尺寸等进行验收，包装应完好，并应有产品合格证书、中文说明书及性能检验报告，进口产品应按规定进行商品检验。

5）进场后需要进行复验的材料种类及项目应符合本标准各章的规定，同一厂家生产的同一品种、同一类型的进场材料应至少抽取一组样品进行复验，当合同另有更高要求时应按合同执行。抽样样本应随机抽取，满足分布均匀、具有代表性的要求，获得认证的产品或来源稳定且连续三批均一次检验合格的产品，进场验收时检验批的容量可扩大一倍，且仅可扩大一次。扩大检验批后的检验中，出现不合格情况时，应按扩大前的检验批容量重新验收，且该产品不得再次扩大检验批容量。

6）当国家规定或合同约定应对材料进行见证检验时，或对材料质量发生争议时，应进行见证检验。

7）建筑装饰装修工程所使用的材料在运输、储存和施工过程中，应采取有效措施防止损坏、变质和污染环境。

8）建筑装饰装修工程所使用的材料应按设计要求进行防火、防腐和防虫处理。

（3）施工

1）施工单位应编制施工组织设计并经过审查批准。施工单位应按有关的施工工艺标准或经审定的施工技术方案施工，并应对施工全过程实行质量控制。

2）承担建筑装饰装修工程施工的人员上岗前应进行培训。

3）建筑装饰装修工程施工中，不得违反设计文件擅自改动建筑主体、承重结构或主要使用功能。

4）未经设计确认和有关部门批准，不得擅自拆改主体结构和水、暖、电、燃气、通信等配套设施。

5）施工单位应采取有效措施控制施工现场的各种粉尘、废气、废弃物、噪声、振动等对周围环境造成的污染和危害。

6）施工单位应建立有关施工安全、劳动保护、防火和防毒等管理制度，并应配备必要的设备、器具和标识。

7）建筑装饰装修工程应在基体或基层的质量验收合格后施工。对既有建筑进行装饰装修前，应对基层进行处理。

8）建筑装饰装修工程施工前应有主要材料的样板或做样板间（件），并应经有关各方确认。

9）墙面采用保温隔热材料的建筑装饰装修工程，所用保温隔热材料的类型、品种、规格及施工工艺应符合设计要求。

10）管道、设备安装及调试应在建筑装饰装修工程施工前完成；当必须同步进行时，应在饰面层施工前完成。装饰装修工程不得影响管道、设备等的使用和维修。涉及燃气管道和电气工程的建筑装饰装修工程施工应符合有关安全管理的规定。

11）建筑装饰装修工程的电气安装应符合设计要求。不得直接埋设电线。

12）隐蔽工程验收应有记录，记录应包含隐蔽部位照片。施工质量的检验批验收应有现场检查原始记录。

13）室内外装饰装修工程施工的环境条件应满足施工工艺的要求。

14）建筑装饰装修工程施工过程中应做好半成品、成品的保护，防止污染和损坏。

15）建筑装饰装修工程验收前应将施工现场清理干净。

1.2.2 装饰装修工程质量检测与验收规定

建筑装饰装修工程就是根据室内各功能区的使用性质、所处环境，运用物质技术手段并结合视觉艺术，达到功能合理、安全卫生、舒适美观、满足人们物质和精神生活需要的空间效果，故装饰装修工程质量直接影响到人们生活、工作乃至生命财产的安全。根据《建筑工程施工质量验收统一标准》、GB 50300 按《建筑装饰装修工程质量验收标准》GB 50210-2018 等规范标准要求，装饰装修工程质量检测与验收必须符合以下规定的要求。

（1）建筑装饰装修工程质量验收程序和组织应符合现行国家标准《建筑工程施工质量验收统一标准》GB 50300 的规定。

（2）建筑装饰装修工程的子分部工程、分项工程应按 GB 50210-2018《建筑装饰装修工程质量验收标准》附录划分。建筑装饰装修工程的子分部工程、分项工程划分见表 1-1。

（3）建筑装饰装修工程施工过程中，应按《建筑装饰装修工程质量验收标准》GB 50210-2018 的要求对隐蔽工程进行验收，并应按标准附录的格式记录。记录格式见表 1-2。

建筑装饰装修工程的子分部工程、分项工程划分 表 1-1

项次	子分部工程	分项工程
1	抹灰工程	一般抹灰，保温层薄抹灰，装饰抹灰，清水砌体勾缝
2	外墙防水工程	外墙砂浆防水，涂膜防水，透气膜防水
3	门窗工程	木门窗安装，金属门窗安装，塑料门窗安装，特种门窗安装，门窗玻璃安装
4	吊顶工程	整体面层吊顶，板块面层吊顶，格栅吊顶
5	轻质隔墙工程	板材隔墙，骨架隔墙，活动隔墙，玻璃隔墙
6	饰面板工程	石板安装，陶瓷板安装，木板安装，金属板安装，塑料板安装
7	饰面砖工程	外墙饰面砖粘贴，内墙饰面砖粘贴
8	幕墙工程	玻璃幕墙安装，金属幕墙安装，石材幕墙安装，人造板材幕墙安装
9	涂饰工程	水性涂料涂饰，溶剂型涂料涂饰，美术涂饰
10	裱糊与软包工程	裱糊，软包
11	细部工程	橱柜制作与安装，窗帘盒和窗台板制作与安装，门窗套制作与安装，护栏和扶手制作与安装，花饰制作与安装
12	建筑地面工程	基层铺设，整体面层铺设，板块面层铺设，木、竹面层铺设

隐蔽工程验收记录 表 1-2

<table>
<tr><td>装饰装修工程名称</td><td colspan="2"></td><td>项目经理</td><td></td></tr>
<tr><td>分项工程名称</td><td colspan="2"></td><td>专业工长</td><td></td></tr>
<tr><td>隐蔽工程名称</td><td colspan="4"></td></tr>
<tr><td>施工单位</td><td colspan="4"></td></tr>
<tr><td>施工标准名称及代号</td><td colspan="4"></td></tr>
<tr><td>施工图名称及编号</td><td colspan="4"></td></tr>
<tr><td>隐蔽工程部位</td><td>质量要求</td><td colspan="2">施工单位自查记录</td><td>监理单位验收意见</td></tr>
<tr><td></td><td></td><td colspan="2"></td><td></td></tr>
<tr><td></td><td></td><td colspan="2"></td><td></td></tr>
<tr><td></td><td></td><td colspan="2"></td><td></td></tr>
<tr><td></td><td></td><td colspan="2"></td><td></td></tr>
<tr><td></td><td></td><td colspan="2"></td><td></td></tr>
<tr><td>施工单位自查结论</td><td colspan="3">专业工长：
年 月 日</td><td>质量检查员
年 月 日</td></tr>
<tr><td>监理单位验收结论</td><td colspan="4">专业监理工程师： 年 月 日</td></tr>
</table>

（4）检验批的质量验收应按现行国家标准《建筑工程施工质量验收统一标准》GB 50300 的格式记录。检验批的合格判定应符合下列规定：

1）抽查样本均应符合标准主控项目的规定；

2）抽查样本的 80% 以上应符合标准一般项目的规定。其余样本不得有影响使用功能或明显影响装饰效果的缺陷，其中有允许偏差的检验项目，其最大偏差不得超过标准规定允许偏差 1.5 倍。检验批格式见表 1-3。

检验批质量验收记录　　　编号：　　　表 1-3

<table>
<tr><td>单位（子单位）
工程名称</td><td colspan="3"></td><td>分部（子分部）
工程名称</td><td></td><td>分项工程名称</td><td></td></tr>
<tr><td>施工单位</td><td colspan="3"></td><td>项目负责人</td><td></td><td>检验批容量</td><td></td></tr>
<tr><td>分包单位</td><td colspan="3"></td><td>分包单位项目负责人</td><td></td><td>检验批部位</td><td></td></tr>
<tr><td>施工依据</td><td colspan="5"></td><td>验收依据</td><td></td></tr>
<tr><td></td><td colspan="2">验收项目</td><td>设计要求及规范规定</td><td>最小 / 抽样数量</td><td colspan="2">检查记录</td><td>检查结果</td></tr>
<tr><td rowspan="6">主控项目</td><td>1</td><td></td><td></td><td></td><td colspan="2"></td><td></td></tr>
<tr><td>2</td><td></td><td></td><td></td><td colspan="2"></td><td></td></tr>
<tr><td>3</td><td></td><td></td><td></td><td colspan="2"></td><td></td></tr>
<tr><td>4</td><td></td><td></td><td></td><td colspan="2"></td><td></td></tr>
<tr><td>5</td><td></td><td></td><td></td><td colspan="2"></td><td></td></tr>
<tr><td>6</td><td></td><td></td><td></td><td colspan="2"></td><td></td></tr>
<tr><td rowspan="4">一般项目</td><td>1</td><td></td><td></td><td></td><td colspan="2"></td><td></td></tr>
<tr><td>2</td><td></td><td></td><td></td><td colspan="2"></td><td></td></tr>
<tr><td>3</td><td></td><td></td><td></td><td colspan="2"></td><td></td></tr>
<tr><td>4</td><td></td><td></td><td></td><td colspan="2"></td><td></td></tr>
<tr><td>施工单位检
查结果</td><td colspan="7">专业工长：
项目专业质量检查员：
年　月　日</td></tr>
<tr><td>监理单位
验收结论</td><td colspan="7">专业监理工程师：
年　月　日</td></tr>
</table>

（5）分项工程的质量验收应按现行国家标准《建筑工程施工质量验收统一标准》GB 50300-2013 的格式记录，分项工程中各检验批的质量均应验收合格。分项工程的质量验收记录见表 1-4。

分项工程质量验收记录　　编号：　　表 1-4

<table>
<tr><td colspan="2">单位（子单位）工程名称</td><td></td><td>分部（子分部）工程名称</td><td colspan="2">层数</td></tr>
<tr><td colspan="2">分项工程数量</td><td></td><td>检验批数量</td><td colspan="2"></td></tr>
<tr><td colspan="2">施工单位</td><td></td><td>项目负责人</td><td></td><td>项目技术负责人</td></tr>
<tr><td colspan="2">分包单位</td><td></td><td>分包单位项目负责人</td><td></td><td>分包内容</td></tr>
<tr><td>序号</td><td>检验批名称</td><td>检验批容量</td><td>部位 / 区段</td><td>施工单位检查结果</td><td>监理单位验收结论</td></tr>
<tr><td>1</td><td></td><td></td><td></td><td></td><td></td></tr>
<tr><td>2</td><td></td><td></td><td></td><td></td><td></td></tr>
<tr><td>3</td><td></td><td></td><td></td><td></td><td></td></tr>
<tr><td>4</td><td></td><td></td><td></td><td></td><td></td></tr>
<tr><td>5</td><td></td><td></td><td></td><td></td><td></td></tr>
<tr><td>6</td><td></td><td></td><td></td><td></td><td></td></tr>
<tr><td colspan="6">说明：</td></tr>
<tr><td colspan="2">施工单位检查结论</td><td colspan="4">项目专业技术负责人：
年　月　日</td></tr>
<tr><td colspan="2">监理单位验收结论</td><td colspan="4">专业监理工程师：
年　月　日</td></tr>
</table>

（6）子分部工程的质量验收应按现行国家标准《建筑工程施工质量验收统一标准》GB 50300 的格式记录。子分部工程中各分项工程的质量均应验收合格，并应符合下列规定：

1）应具备标准各子分部工程规定检查的文件和记录。

2）应具备表 1-5 所规定的有关安全和功能检验项目的合格报告。

3）观感质量应符合标准各分项工程中一般项目的要求。

有关安全和功能的检验项目表　　表 1-5

项次	子分部工程	检验项目
1	门窗工程	建筑外窗的气密性能、水密性能和抗风压性能
2	饰面板工程	饰面板后置埋件的现场拉拔力
3	饰面砖工程	外墙饰面砖样板及工程的饰面砖粘结强度
4	幕墙工程	（1）硅酮结构胶的相容性和剥离粘结性； （2）幕墙后置埋件和槽式预埋件的现场拉拔力； （3）幕墙的气密性、水密性、耐风压性能及层间变形性能

（7）分部工程的质量验收应按现行国家标准《建筑工程施工质量验收统一标准》

GB 50300 的格式记录。分部工程质量验收记录表见表 1-6。分部工程中各子分部工程的质量均应验收合格，并应按《建筑装饰装修工程质量验收标准》GB 50210-2018 第 15.0.6 条的规定进行核查。当建筑工程只有装饰装修分部工程时，该工程应作为单位工程验收。

分部工程质量验收记录　　编号：　　表 1-6

<table>
<tr><td colspan="2">单位（子单位）工程名称</td><td colspan="2"></td><td>子分部工程数量</td><td></td><td>分项工程数量</td><td></td></tr>
<tr><td colspan="2">施工单位</td><td colspan="2"></td><td>项目负责人</td><td></td><td>技术（质量）负责人</td><td></td></tr>
<tr><td colspan="2">分包单位</td><td colspan="2"></td><td>分包单位负责人</td><td></td><td>分包内容</td><td></td></tr>
<tr><td>序号</td><td>子分部工程名称</td><td>分项工程名称</td><td>检验批数量</td><td colspan="2">施工单位检查结果</td><td colspan="2">监理单位验收结论</td></tr>
<tr><td>1</td><td></td><td></td><td></td><td colspan="2"></td><td colspan="2"></td></tr>
<tr><td>2</td><td></td><td></td><td></td><td colspan="2"></td><td colspan="2"></td></tr>
<tr><td>3</td><td></td><td></td><td></td><td colspan="2"></td><td colspan="2"></td></tr>
<tr><td>4</td><td></td><td></td><td></td><td colspan="2"></td><td colspan="2"></td></tr>
<tr><td>5</td><td></td><td></td><td></td><td colspan="2"></td><td colspan="2"></td></tr>
<tr><td>6</td><td></td><td></td><td></td><td colspan="2"></td><td colspan="2"></td></tr>
<tr><td colspan="4">质量控制资料</td><td colspan="2"></td><td colspan="2"></td></tr>
<tr><td colspan="4">安全和功能检验结果</td><td colspan="2"></td><td colspan="2"></td></tr>
<tr><td colspan="4">观感质量检验结果</td><td colspan="2"></td><td colspan="2"></td></tr>
<tr><td colspan="2">综合验收结论</td><td colspan="6"></td></tr>
<tr><td colspan="3">施工单位项目负责人：
年　月　日</td><td colspan="2">勘察单位项目负责人：
年　月　日</td><td>设计单位
项目负责人：
年　月　日</td><td colspan="2">监理单位
总监理工程师：
年　月　日</td></tr>
</table>

注：1. 地基与基础分部工程的验收应由施工、勘察、设计单位项目负责人和总监理工程师参加并签字。

2. 主体结构、节能分部工程的验收应由施工、设计单位项目负责人和总监理工程师参与并签字。

（8）有特殊要求的建筑装饰装修工程，竣工验收时应按合同约定加测相关技术指标。

（9）建筑装饰装修工程的室内环境质量应符合现行国家标准《民用建筑工程室内环境污染控制规范》GB 50325 的规定。

（10）未经竣工验收合格的建筑装饰装修工程不得投入使用。

1.3 装饰工程质量检测方法

工程质量检测验收是指按照国家施工及验收规范、质量标准所规定的检查项目，用国家规定的方法和手段，对分项工程、分部工程和单位工程进行质量检测，并和质量标准的规定相比较，确定工程质量是否符合要求。

参加工程质量检测与验收的工作人员，应熟悉相关验收规范、标准，具有一定的施工经验，并且经过一定培训，依据质量检查、测试、验收制度，遵循检查程序，以便对工程质量做出正确的评定。常用的检测方法主要有审核有关技术文件、资料、报告或报表、目测、量测等方法。

1.3.1 审查有关技术文件、资料、报告或报表

在工程质量检测程序中，一般按照自检→互检→班组长检查→队内技术人员、专检人员检查→项目部工长检查→项目部专职质检员→监理工程师程序进行质量检测，每一个层次的检测都有技术文件、资料、报告或报表等形式的记录，比如审查有关技术资质证明文件，审查有关材料、半成品的质量检验报告、检查检验批验收记录、施工记录等，检测工作人员依据这些资料进一步评定工程质量的等级。

1.3.2 目测

目测法即凭借感官进行检查，也可以叫作感官检验。其手段可归纳为看、摸、敲、照。

“看”就是根据质量标准要求进行外观目测检查。例如墙面的平整度、顶棚的顺直度、壁纸裱糊的图案花纹的洁净、对花等是否符合要求，根据检测内容、部位的不同，又规定出正视、斜视和不等距离的观察方法。如图 1-1 所示。

图 1-1　距离墙面 1.5m 处正视检测壁纸裱糊质量

“摸”就是通过手感触摸进行检查、测定。例如，油漆、涂料的光滑度，是否牢固、不掉粉；墙面饰面砖镶贴缝隙是否平整，有高低差等，都可以通过手摸的方式鉴别。检测方法如图 1-2 所示。

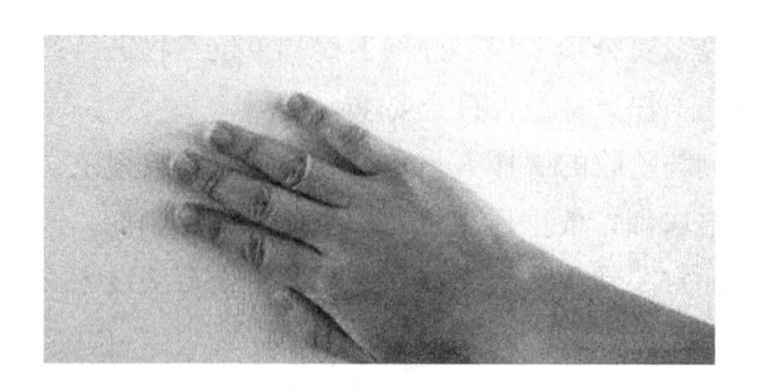

图 1-2　手摸检测涂料涂饰面层

“敲”就是运用敲击的方法，通过听声音进行音感检查。例如，对拼镶木地板，墙面抹灰，墙面砖、地砖铺贴等的质量均可以通过专业工具使用敲击的方法，根据声音的虚实、脆闷判断有无空鼓等质量问题。操作如图 1-3 所示。

图 1-3　响锤敲击检测饰面空鼓

“照”就是通过人工光源或反射光照射，检查难以看清的部位。例如可以用照的方法检查墙面和顶棚涂料涂饰的平整度等。操作方法如图 1-4 所示。

图 1-4　光照检测饰面质量

1.3.3 量测

量测又称为实测法，就是利用量测工具或计量仪表，通过实际量测的结果与规定的质量标准或规范的要求相对照，从而判断质量是否符合要求。其手法可以归纳为靠、吊、量、套。

“靠”就是用直尺和塞尺配合检查地面、墙面、顶棚的平整度。操作如图 1-5 所示。

图 1-5 直尺和塞尺检查地面平整

“吊”就是用托线板线锤检查界面的垂直度。比如墙面、窗框的垂直度检查。操作如图 1-6 所示。

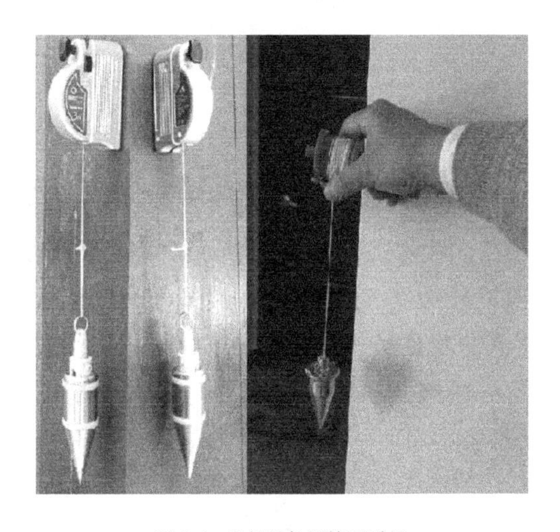

图 1-6 吊铅锤检测饰面质量

“量”就是用量测工具或计量仪表等检查构件的断面尺寸、轴线、标高、温度、湿度等数值并确定其偏差。比如用卷尺量测构件的尺寸，检测木地板安装前基层的含水率等。如图 1-7 所示。

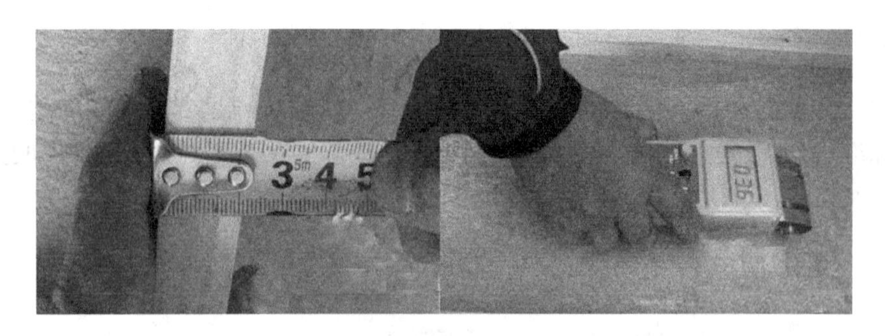

图 1-7　量测工具及含水率检测仪器运用

“套”就是指用方尺套方以塞尺辅助，检查诸如涂料涂饰、墙面砖镶贴的阴阳角方正、预制构件的方正等。检测操作如图 1-8 所示。

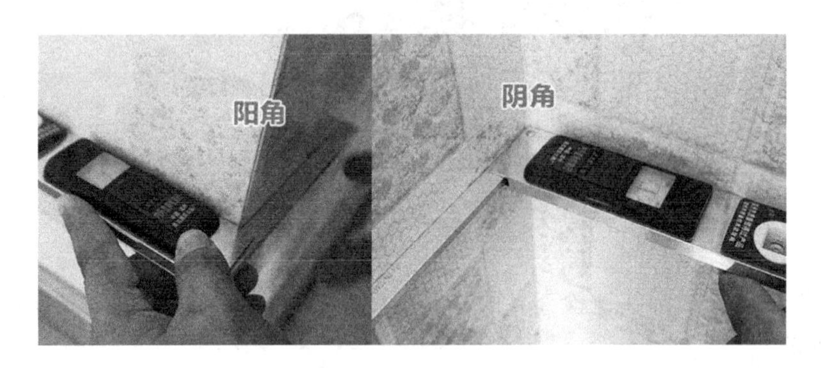

图 1-8　阴阳角方正检测

【项目实施】

1. 任务分配

项目任务为到本地装饰材料城、家居城、学校装饰实训室等场所，调研建筑装饰装修工程质量检测的相关内容；调研观看室内空间三大界面各种材料的饰面质量；认识并了解各种检测工具。在项目任务实施中，学生 4 ～ 5 人为一个工作小组，选出组长一名，采用组长负责制，负责分配任务、制定项目实施方案，并协助教师在项目实施过程中指导学生，检查督促任务进展及质量，有问题与组员一起商讨解决，并及时汇报教师，以共同顺利完成项目任务。项目任务分配表见表 1-7。

项目任务分配表　　表 1-7

序号	任务	内容	实施人	备注
1	资料收集	1. 图纸资料 2. 设备和工具的使用说明 3. 步骤操作基本要领和注意点	全组成员	

续表

序号	任务	内容	实施人	备注
2	方案制订	1. 可用的几种实施方案 2. 所选定方案的优势	全组成员	
3	过程实施	1. 参观调研场所、路线 2. 准备相应的设备和工具 3. 结果记录	全组成员	
4	检查改进	1. 进度检查 2. 质量检测 3. 改进措施	组长	
5	评价总结	1. 各小组自评项目完成情况，选出代表作技术演讲 2. 组与组之间互评，选出最佳小组作成果展示	全组成员	

2. 任务准备

（1）按照任务分配计划，制订参观家居城、装饰材料城等场所的方案（参观调研内容、路线、交通工具等）；

（2）了解主要的规范标准，熟悉建筑装饰装修工程质量检测与验收的各种表格等技术文件。

3. 检测实施

（1）按照计划在装饰材料城、家居城等，调研观看并识别室内空间三大界面上各种饰面材料，照片或文字记录观察过程或结果，并了解其饰面质量；

（2）在学校实训室认识、了解并判定各种检测工具，对较为简单的检测工具可上手使用操作。

4. 熟悉查阅装饰工程质量检测与验收的各种表格等技术文件。

5. 项目评价

在上述任务实施中，按时间、质量、安全、文明环保评分，先自评，在自评的基础上，由本组的同学互评，最后由教师进进行总结评分。项目实践任务考核评价内容可参见表 1-8。

项目实践任务考核评价表　　　　总分　表 1-8

序号	考核内容	考核内容及要求	评分标准	配分	学生自评	学生互评	教师考评	得分
1	时间要求	** 分钟	没按时完成，此项无分					
2	质量要求	资料收集	按照规定收集资料					
3		工具设备的正确使用	严格按照设备、工具的要求进行操作					
4		项目分部检测	按照过程进行分项分部检测并记录，须符合要求。按照步骤操作，否则扣 5 ～ 10 分					
5		结果记录	书写记录全面、正确，有误者酌情扣分					

续表

序号	考核内容	考核内容及要求	评分标准	配分	学生自评	学生互评	教师考评	得分
6	安全要求	遵守安全操作规程	不遵守，酌情扣 1 ~ 5 分					
7	文明要求	遵守文明生产规则	不遵守，酌情扣 1 ~ 5 分					
8	环保要求	遵守环保生产规则	不遵守，酌情扣 1 ~ 5 分					

注：如出现重大安全、文明、环保事故，本项目考核记为 0 分。

【知识拓展】

建筑工程质量验收程序和组织

《建筑工程施工质量验收统一标准》GB50300-2013 对建筑工程质量验收的程序和组织有明确的要求。

1. 检验批及分项工程的质量验收程序和组织

《建筑工程施工质量验收统一标准》GB 50300-2013（以下简称《统一标准》）第 6.0.1 条规定：检验批应由专业监理工程师组织组织施工单位项目专业质量检查员、专业工长等进行验收。

检验批由专业监理工程师组织项目专业质量检验员等进行验收；分项工程由专业监理工程师组织项目专业技术负责人进行验收。

检验批和分项工程是建筑工程质量的基础。因此，所有检验批和分项工程均应由监理工程师或建设单位项目技术负责人组织验收。验收前，施工单位先填好“检验批和分项工程的质量验收记录”（有关监理记录和结论不填），并由项目专业质量检验员和项目专业技术负责人分别在检验批和分项工程质量检验记录中相关栏目签字，然后由监理工程师组织，严格按规定程序进行验收。

本条规定强调了施工单位的自检，同时强调了监理工程师负责验收和检查的原则，在对工程进行检查后，确认其工程质量是否符标准规定，监理或建设单位人员要签字认可，否则，不得进行下道工序的施工。如果认为有的项目或地方不能满足验收规范的要求时，应及时提出，让施工单位进行返修。

分项工程施工过程中，还应对关键部位随时进行抽查。所有分项工程施工，施工单位应在自检合格后，填写分项工程报检申请表，并附上分项工程评定表。属隐蔽工程的，还应将隐检单报监理单位，监理工程师必须组织施工单位的工程项目负责人和有关人员对每道工序进行检查验收。合格者，签发分项工程验收单。

对一些国家政策允许的建设单位自行管理的工程，即不需要委托监理的工程，由建设单位项目技术负责人行使组织者的权力。

2. 分项工程的质量验收程序和组织

《统一标准》第 6.0.2 条规定：分项工程应由专业监理工程师组织施工单位项目专业

技术负责人等进行验收。

工程监理实行总监理工程师负责制，因此分部工程应由总监理工程师（建设单位项目负责人）组织施工单位的项目负责人和项目技术、质量负责人及有关人员进行验收。主要分部工程验收的程序如下：

（1）总监理工程师（建设单位项目负责人）组织验收，介绍工程概况、工程资料审查意见及验收方案、参加验收的人员名单，并安排参加验收的人员签到。

（2）监理（建设）、勘察、设计、施工单位分别汇报合同履约情况和在主要分部各个环节执行法律、法规和工程建设强制性标准的情况。施工单位汇报内容中还应包括工程质量监督机构责令整改问题的完成情况。

（3）验收人员审查监理（建设）、勘察、设计和施工单位的工程资料，并实地查验工程质量。

（4）对验收过程中所发现的和工程质量监督机构提出的有关工程质量验收的问题和疑问，有关单位人员予以解答。

（5）验收人员对主要分部工程的勘察、设计、施工质量和各管理环节等方面做出评价，并分别阐明各自的验收结论。当验收意见一致时，验收人员分别在相应的分部（子分部）工程质量验收记录上签字。

（6）当参加验收各方对工程质量验收意见不一致时，应当协商提出解决的办法，也可请建设行政主管部或工程质量监督机构协调办理。

验收结束后，监理（建设）单位应在主要分部工程验收合格15日内，将相关的分部（子分部）工程质量验收记录报送工程质量监督机构，并取得工程质量监督机构签发的相应工程质量验收监督记录。主要分部工程未经验收或验收不合格的，不得进入下道工序施工。

3. 分部工程的质量验收程序和组织

《统一标准》第6.0.3条规定：分部工程应由总监理工程师组织施工单位项目负责人和项目技术负责人等进行验收。

勘察、设计单位项目负责人和施工单位技术、质量部门负责人应参加地基与基础分部工程的验收。

设计单位项目负责人和施工单位技术、质量部门负责人应参加主体结构、节能分部工程的验收。

4. 单位工程中的分包工程的质量验收程序和组织

《统一标准》第6.0.4条规定：单位工程中的分包工程完工后，分包单位应当所承包的工程项目进行自检，并应按“统一标准”规定的程序进行验收。验收时，总包单位应派人参加。分包单位应将所分包工程的质量控制材料整理完整，并移交给总包单位。

5. 单位工程的质量验收程序和组织

根据《统一标准》6.0.5中规定，单位工程完工后，施工单位应组织有关人员进行自检。总监理工程师对工程质量进行竣工预验收。存在施工质量问题时，应由施工单位整改。整改完毕后，由施工单位向建设单位提交工程竣工报告，申请工程竣工验收。

工程竣工验收应当按以下程序进行：

（1）工程完工后，施工单位向建设单位提交工程竣工报告，申请工程竣工验收。实行监理的工程，工程竣工报告须经总监理工程师签署意见。

（2）建设单位收到工程竣工报告后，对符合竣工验收要求的工程，组织勘察、设计、施工、监理等单位组成验收组，制定验收方案。对于重大工程和技术复杂工程，根据需要可邀请有关专家参加验收组。

（3）建设单位应当在工程竣工验收 7 个工作日前将验收的时间、地点及验收组名单书面通知负责监督该工程的工程质量监督机构。

（4）建设单位组织工程竣工验收。

1）建设、勘察、设计、施工、监理单位分别汇报工程合同履约情况和在工程建设各个环节执行法律、法规和工程建设强制性标准的情况；

2）审阅建设、勘察、设计、施工、监理单位的工程档案资料；

3）实地查验工程质量；

4）对工程勘察、设计、施工、设备安装质量和各管理环节等方面作出全面评价，形成经验收组人员签署的工程竣工验收意见。

参与工程竣工验收的建设、勘察、设计、施工、监理等各方不能形成一致意见时，应当协商提出解决的方法，待意见一致后，重新组织工程竣工验收。

【能力测试】

知识题作业（答案见二维码 1-2）

二维码 1-2

1. 问答题

1.1 掌握了解建筑装饰装修工程质量检测与验收现行使用的标准及规范有哪些？

1.2 掌握了解建筑装饰装修的概念。

2. 填空题

2.1 基体（primary structure），是指建筑物的（　　　　）或围护结构。

2.2 基层（base course），直接承受（　　　　　　）的面层。

2.3 细部（detail），建筑装饰装修工程中局部采用的（　　　　　）。

2.4 检验（inspection），对被检验项目的特征、性能进行量测、检查、试验等，并将结果与（　　　　　　　）进行比较，以确定项目每项性能是否合格的活动。

2.5 检验批（inspection lot），按相同的生产条件或按规定的方式汇总起来供检验用的，由（　　　　　）组成的检验体。

2.6 验收（acceptance），建筑工程在施工单位自行检查合格的基础上，由（　　　）组织，工程建设单位参加，对检验批、分项、分部、单位工程及其隐蔽工程的质量进行（　　）检验，对技术文件进行审核，并根据设计文件和相关标准以书面形式对工程质量是否达到合格做出确认。

2.7 主控项目（dominant item），建筑工程中的对（　　　　　　　　　）和主要使用功能起决定性作用的检验项目。

2.8 返工（rework），对施工质量不符合标准规定的部位采取的更换、（　　　　　）等措施。

2.9 装饰工程质量检测常用检验方法通常通过看、摸、敲、（　　　　　　　）套等方法，对饰面质量是否合格做出判断。

实践活动作业

1. 活动任务

到学校实训中心、商场，观察、认识、初步检测各种饰面的施工质量，与掌握了解的质量检验标准相对照，通过手边持有的检验工具，运用所学检验方法，通过看、摸、敲、照、靠、吊、量、套等方法，对饰面质量是否合格做出判断。

2. 活动组织

活动实施中，对学生进行分组，学生 4 ～ 5 人组成一个工作小组，组长对每名组员进行任务分配。各小组制定出实施方案及工作计划，组长指导本组学生学习，检查项目进程和质量，制定改进措施，记录整理保存好各种检测技术文件，共同完成项目任务。

3. 活动时间

各组学生根据课余时间，自行组织完成。

4. 活动工具

图集、规范、计算器、铅笔、检测表格、各种工具，检测尺。

5. 活动评价

检验项目质量完成后，分组讨论，每人写一份对本课程认识和了解的活动记录和感受。

项目 2
装饰工程质量检测与验收常用工具仪器及使用

【项目概述】

本项目主要介绍建筑工程和装饰工程质量检测的常用工机具，如水平尺、塞尺、阴阳直角尺、垂直检测尺、磁力线坠、百格网、检测镜、卷线器、响鼓锤等功用及使用方法。

【学习目标】

通过本项目的学习，你将会：

1. 认识并了解建筑工程及建筑装饰工程质量检测的常用工机具的功能；
2. 根据检测项目能正确选用检测工具仪器；
3. 初步掌握各种检测工具仪器的正确的使用方法。

【项目任务】

到学校装饰实训室，认识并了解装饰工程的各种检测工具，对较为简单的检测工具，比如水平检测尺、盒尺等可上手操作，检验实训室的墙地面水平度、长度等。

【学习支持】

1.《建筑装饰装修工程质量验收标准》GB 50210-2018；
2.《住宅室内装饰装修工程质量验收规范》JGJ/T 304-2013；
3. 建筑工程及建筑装饰装修工程质量检测的常用工机具。

【项目知识】

2.1 建筑工程质量检测工具包

在建筑工程及装饰工程质量检测时，最常用的工具包由11件多功能建筑检测器组成：包括内外直角检测尺、楔形塞尺、磁力线坠、百格网、检测镜、卷线器、伸缩杆、焊缝检测尺、水电检测锤、响鼓锤及钢针小锤等。如图2-1所示。除此之外常用的检测工器具还有激光测距仪、激光水平放线仪（双线）、垂直检测尺、对角检测尺、网络/有线电视检测仪、游标卡尺、卷尺、游标塞尺、尖嘴钳、手电筒、感应验电笔、三孔验电插头、螺丝刀等。

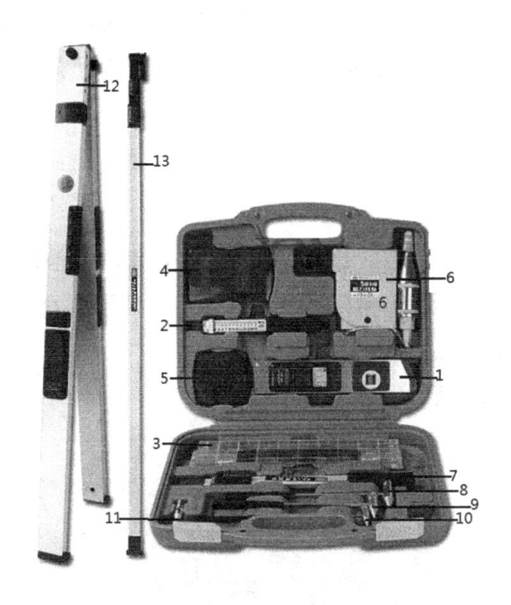

图2-1 建筑、装饰装修工程质量检测工具包

1-直角检测尺；	5-卷线器；	9-响鼓锤；	13-对角尺
2-楔形塞尺；	6-磁力线坠；	10-钢针小锤；	
3-百格网；	7-伸缩杆；	11-活动小锤；	
4-检测镜；	8-水电检测锤；	12-两米靠尺；	

2.2 常用检测仪器、工具及使用

2.2.1 检测尺（靠尺）

检测尺又称垂直检测尺或靠尺，如图2-2所示。为可展式结构，合拢长1m，展开长2m。

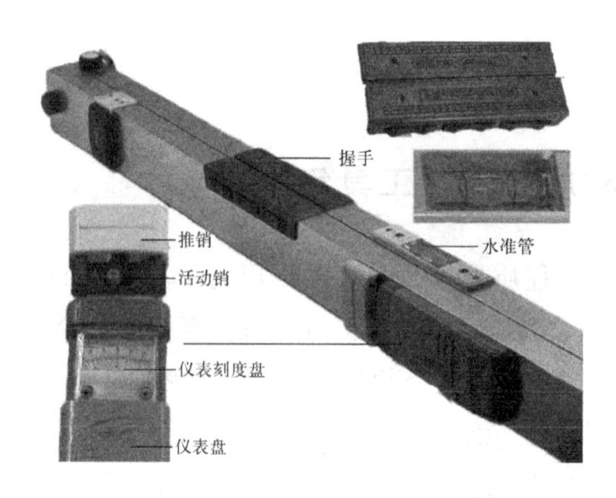

图 2-2　工程检测尺（靠尺）

（1）功用：是建筑工程和装饰工程质量检测中使用最多的一种检测工具，主要用于检测各种界面的平整、垂直度、地面平整度的检测，一般在检测平整度时与楔形塞尺配合使用。

（2）使用方法

1）墙面垂直度检测

①用于 1m 检测时，推下仪表盖。活动销推键向上推，将检测尺左侧面靠紧被测面（注意：握尺要垂直，观察红色活动销外露 3 ～ 5mm，摆动灵活即可），待指针自行摆动停止时，直读指针所指刻度下行刻度数值，此数值即被测面 1m 垂直度偏差，每格为 1mm。垂直刻度仪如图 2-3 所示。

图 2-3　垂直度刻度仪表示范

②用于 2m 检测时，将检测尺展开后锁紧连接扣，手持 2m 检测尺中心，位于同自己腰高的墙面上，检测方法同上，直接读出指针所指上行刻度数值，此数值即被测面 2m 垂直度偏差，每格为 1mm。如被测面不平整，可用右侧上下靠脚（中间靠脚旋出不要）检测。具体操作方法参见图 2-4 所示（砖砌体、石材、陶瓷饰面墙柱面、涂料、裱糊等装饰工程的垂直度检测方法同上）。

图 2-4　墙面垂直度检测示范

2）墙面平整度检测

检测墙面平整度时，检测尺侧面靠紧被测面，其缝隙大小用楔形塞尺检测（楔形塞尺如图 2-5 所示）。每处应检测三个点，即竖向一点，并在其原位左右交叉 45° 各一点，取其三点的平均值。具体检测操作方法示范如图 2-6 所示。

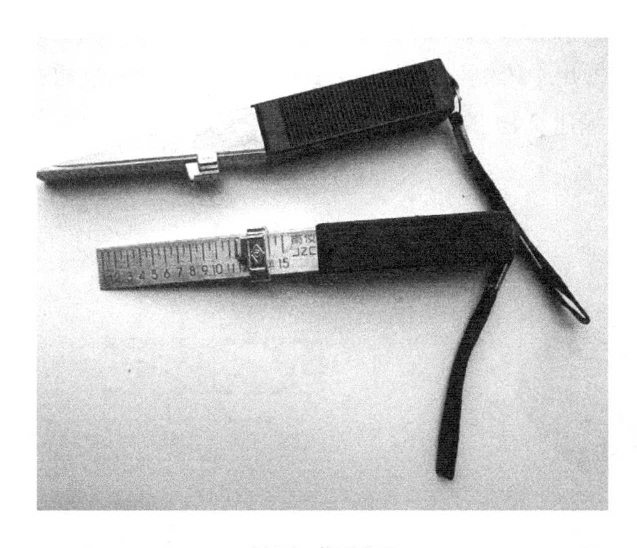

图 2-5　楔形塞尺

（a） 竖直检测墙面平整度示范

（b） 向左 45° 检测墙面平整度示范

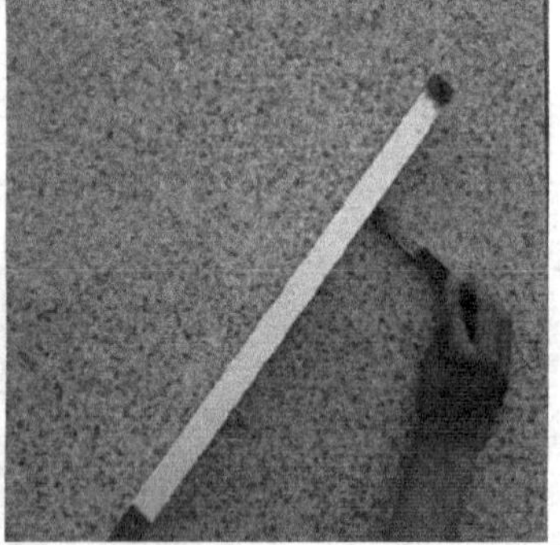

（c） 向右 45° 检测墙面平整度示范

图 2-6 平整度示范

2.2.2 卷线器、钢板尺及楔形塞尺

卷线器如图 2-7 所示，一般为塑料盒，内有尼龙线绳，长 15m。

钢直尺是最简单的长度量具，如图 2-8 所示，其长度有 150mm、300mm、500mm 和 1000mm 四种规格。楔形塞尺如图 2-5 所示。

（1）功用：卷线器用于检测建筑物的平直，及用于检验砖墙砌体水平灰缝及踢脚线的平直等；钢直尺检测建筑物部位的长度；楔形塞尺用于检测建筑物体上缝隙的大小及物体表面的平整度。

（2）使用方法

图 2-7 常见卷线器

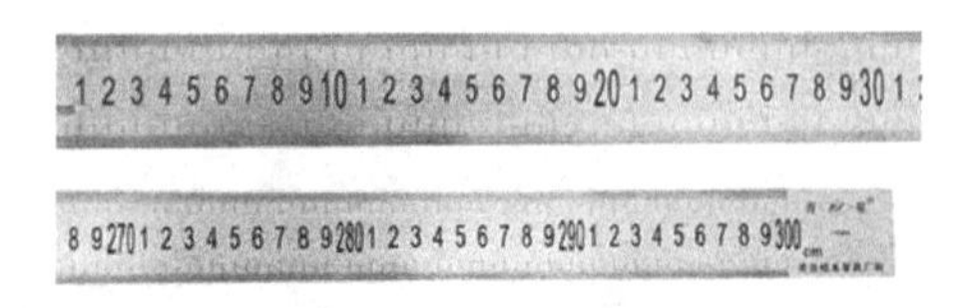

图 2-8 常用钢直尺

1）卷线器与钢板尺配合使用检测墙面板接缝直线度。

从卷线器盒内拉出5m长的线，不足5m拉通线。三人配合检测，两人拉线，一人用钢板尺量测接缝与小线最大偏差值。如图2-9所示进行检测。

图2-9 用钢板尺检测接缝直线度示范

2）用楔形塞尺（游标塞尺）检测缝隙宽度。

用楔形塞尺检测较小接缝缝隙时，可直接将楔形塞尺插入缝隙内。当塞尺紧贴缝隙后，再推动游码至饰面或表面，并锁定游码，取出塞尺读数。具体操作参照2-10示范图进行检测。

图2-10 用楔形塞尺检测缝隙大小示范

3）用0.1 ～ 0.5mm薄片塞尺与钢板尺配合检查接缝高低差。

先将钢板尺竖起位于面板或面砖接缝较高一侧，并使其紧密与面板或面砖结合。然后再视缝隙大小，选择不同规格的薄片塞尺，（薄片塞尺如图 2-11 所示）。并将其缓缓插入缝隙即可。在 0.1 ～ 0.5mm 薄片塞尺范围内，所选择的塞尺上标注的规格，就是接缝高低差的实测值。注意，当接缝高低差大于 0.5mm 时，用楔形塞尺进行检测。具体操作参照图 2-12 示范图进行检测。

图 2-11　薄片塞尺

图 2-12　用薄片塞尺与钢板尺配合检查接缝高低差示范

2.2.3　方尺（直角尺）

方尺也称之为内外直角检测尺、阴阳直角尺，如图 2-13 所示。

（1）功用：用于内外直角检测，及一般平面的垂直度和水平度检测。如土建、装饰装修饰面工程的阴阳角方正度检测，土建工程的模板 90° 的阴阳角方正度、钢结构主板与缀板的方直度、门窗边角方正等的检测。

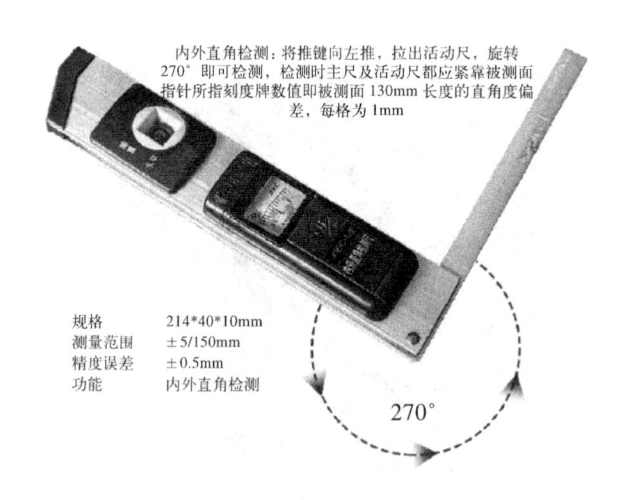

图 2-13　常用直角尺形式

（2）使用方法：检测时，将方尺打开，用两手持方尺紧贴被检阳角两个面、看其刻度指针所处状态，当处于“0”时，说明方正度为 90° ，即读数为“0”；当刻度指针向“0”的左边偏离时，说明角度大于 90° ；当刻度指针向“0”的左边偏离时，说明角度小于 90°，偏离几个格，误差即为几毫米。具体操作方法见图 2-14 操作示范。

图 2-14　室内装饰用方尺检测阴阳角方正示范

2.2.4　磁力线坠

（1）功用：磁力线坠适用于上下水、消防用水、采暖、煤气等竖向金属管道安装工程的垂直度检测。还适用于高度在 3 ～ 5m 的钢管柱或钢柱安装工程的垂直度检测。磁力线锤结构如图 2-15 所示。

●附有铁器吸着力强劲的磁石
●铝制框架，内藏长度 70mm 挂钩，用于安放于混凝土材质测定物上
●具有可更改挂线方式功能
●采用黄色醒目丝线
●重锤能够快速静止

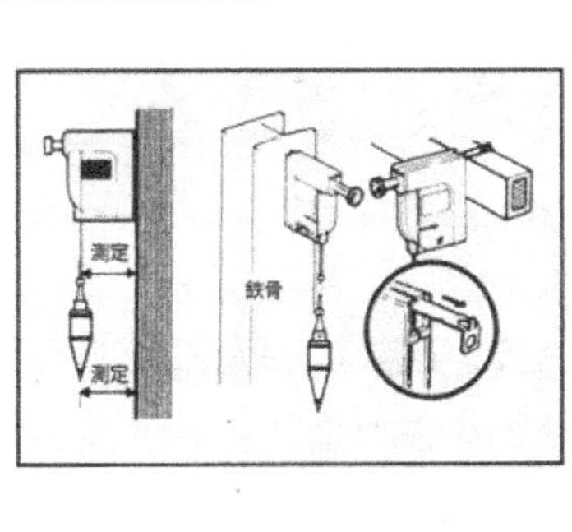

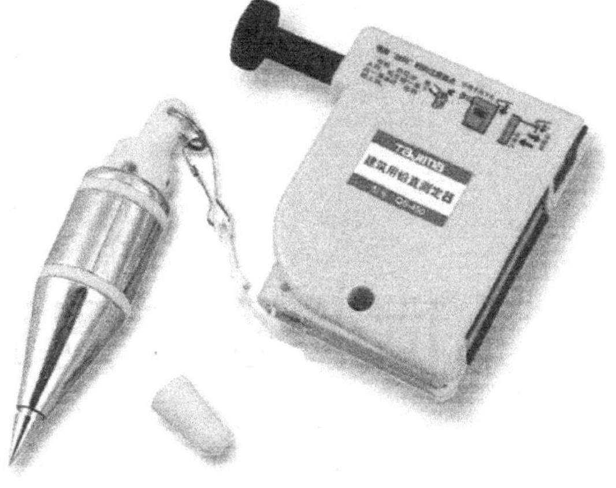

图 2-15　磁力线锤结构示例

（2）使用方法：操作步骤如图 2-16 所示。

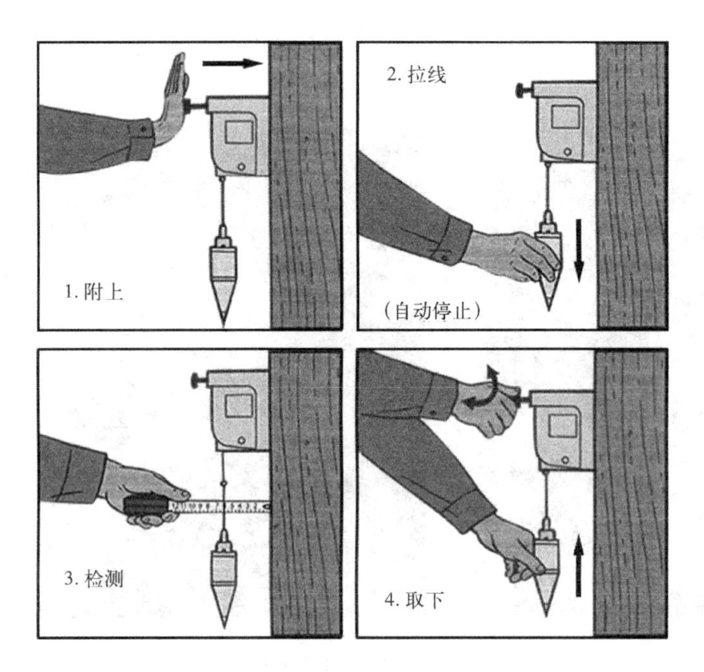

图 2-16　磁力线坠操作步骤示例

2.2.5　响鼓锤

响鼓锤分为两种，一种是锤头重 25g，称之为大响鼓锤；另一种锤头重 10g，称之为小响鼓锤。大小响鼓锤如图 2-17 所示。

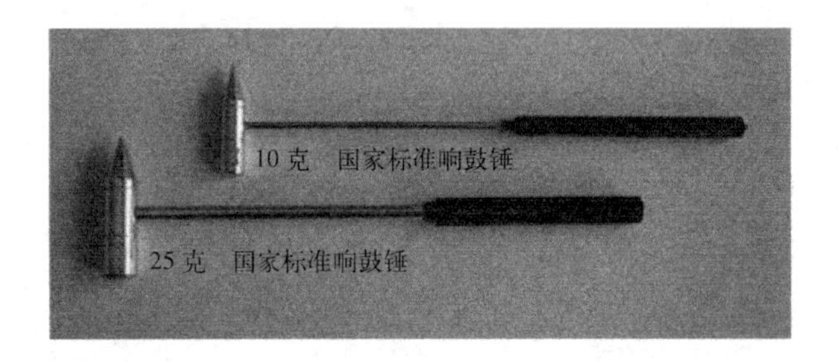

图 2-17　大小响鼓锤形式示例

（1）功用：大响鼓锤的锤尖用于检测大块石材面板，或大块陶瓷面砖的空鼓面积或程度，锤头则用于检测较厚的水泥砂浆找坡层及找平层，或厚度在 40mm 左右混凝土面层的空鼓面积或程度；小响鼓锤的锤头用于检测厚度在 20mm 以下的水泥砂浆找平层、面层的空鼓面积或程度，锤尖则用于检测小块陶瓷面砖的空鼓面积或程度。

（2）使用方法：使用大响鼓锤检测石材地面时，将锤尖置于其面板或面砖的一角，逐渐向面板或面砖的中部轻轻滑动敲击，边滑动边听其声音，并通过滑动过程所发出的声音来判定空鼓的面积或程度。操作方法如图 2-18 进行检测。

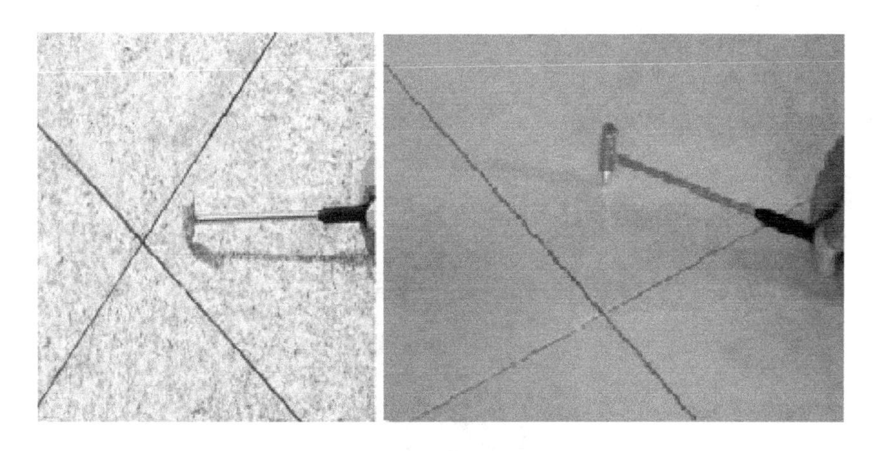

图 2-18　使用大响鼓锤锤尖检测石材地板和大块瓷砖空鼓面积示范

2.3　常用检测设备仪器、工具及使用

2.3.1　电子温湿仪

（1）功用：广泛用于建筑工程、装饰装修、农林、仓储、图书档案馆、工业环境检测等领域需要测量温度和湿度的场所。用来测试室内外空间温湿度，室内空气质量检测及木材施工，可以以数字形式显示温度和湿度数值。常见形式如图 2-19 所示。

（2）工作原理：温度测量采用一种数字式温度传感器；湿度测量采用了一种湿敏电容传感器应用单片机的控制和计算机功能对传感器进行采样、控制、计算并将其结果送到液晶显示器上用数字显示出来。

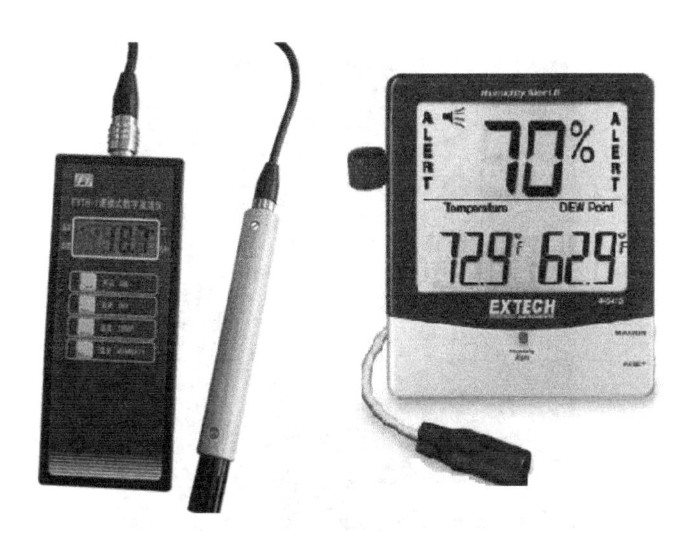

图 2-19　常用电子温度、湿度仪示例

2.3.2 含水率湿度仪

含水率湿度仪是一台精密仪器，具有快速测量的特点，常用形式如图 2-20 所示。

图 2-20 常用含水率湿度仪示例

（1）功用：一般用于装饰装修、墙体的涂料粉刷、房屋检漏、地板铺设、地坪施工等需要快速测定含水率的部位。其工作原理为：电磁波感应，即电磁波穿透墙体内部，感应出墙体内部的水分，以数字的形式显示在液晶显示屏上。

（2）使用方法：手握仪器，调零，将仪器感应器距离被测面 20cm 左右，仪器显示屏立即显示被测物体的含水率。如显示“07.6”，即表示该物体的含水率为“7.6%”。如图 2-21 所示。

图 2-21 含水率湿度仪的使用

2.3.3 激光水平仪

红外线水平仪是一种先进的测量工具，可兼备水准仪、经纬仪等划线仪器的功能，代替铅锤和墨线盒等传统工具，它以激光线条将水平垂直线精确的投射于工作对象上，使工作过程更方便，已广泛用于现代建筑、安装、装饰装修、道路工程、机械测量、石油勘测、军工、船舶以及其他需要重力参考系下的倾角或者水平的情况，常见形式如图 2-22 所示。

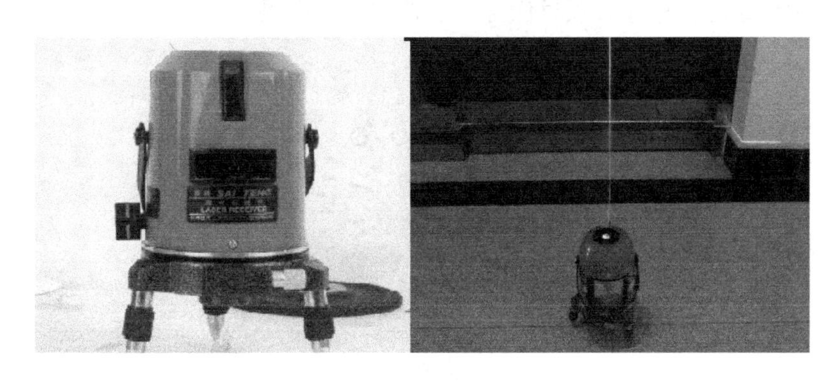

图 2-22 常用激光水平仪形式

（1）功用：

在建筑工程、装饰装修中多用来检测测量确定基准线、施工放样、校准、界面、梁柱、阴阳角等部位的水平度及垂直度等。

（2）使用方法：

1）将仪器安置在脚架上，或一个稳固的平面上，使激光线稳定；

2）顺时针方向转动开关旋钮，打开仪器，同时发出激光束；

3）转动仪器，使激光束指向工作目标；

4）调节微动旋钮，找准方位进行工作；

5）操作键盘上轻键的作用：H 键控制水平线，V 键控制垂直线，用于选择室内或室外工作状态；

6）工作结束，逆时针方向转动开关旋钮，关闭仪器。具体操作如图 2-23 所示。

(a) 激光水平仪检测状况

(b) 激光水平仪检测水平、垂直度

图 2-23 激光水平仪操作

【项目实施】

1. 任务分配

在装饰装修工具认识、操作使用任务实施中，学生 4 ～ 5 人为一个工作小组，选出组长一名，采用组长负责制，负责分配任务、制定项目实施方案，并协助教师在项目实施过程中指导学生，检查督促任务进展及质量，有问题与组员一起商讨解决，并及时汇报教师，以共同顺利完成项目任务。负责填写记录各种验收及技术文件的学生，做好文件整理、归纳等管理工作等。项目任务分配表扫描二维码 1 可见。

二维码 1

2. 项目准备

（1）装饰装修质量检测记录表；

（2）矫正后的检测尺、盒尺、吊铅锤、塞尺、钢板尺、响锤、直角尺等检测工具。

任务完成后，清点工具并归还实训中心仓库管理教师；填写工具设备使用情况；清理场地搞好卫生。

3. 检测实施

（1）用检测尺、楔形塞尺等检测实训室墙面平整度、垂直度，并填写检测文件，做好记录。

（2）用方尺检测实训室柱角、墙面阴阳角、门窗边角的方正度。

（3）用大、小响鼓锤检测实训室大厅石材面板铺贴的空鼓情况；用小响鼓锤检测实训室楼道、教室、卫生间等墙地面陶瓷面砖的空鼓面积或程度。

4. 填写检测记录表

学生资料员做好检测结果记录，并合理整理、保管或上交。

5. 项目评价

在上述任务实施中，按时间、质量、安全、文明环保评分，先自评，在自评的基础上，由本组的同学互评，最后由教师进进行总结评分。

项目实践任务考核评价表扫描二维码 2 可见。

二维码 2

【知识拓展】

建筑工程及装饰装修工程其他常用工具的认识及使用

1. 游标卡尺

测量各类装饰板材厚度，槽深度、孔径。游标卡尺由主尺和附在主尺上能滑动的游标两部分构成。常用游标卡尺如图 2-24 所示。

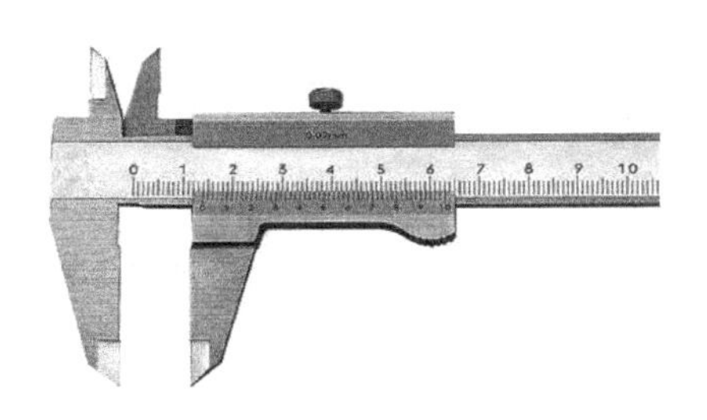

图 2-24　常见游标卡尺示例

使用方法：用软布将量爪擦干净，使其并拢，查看游标和主尺身的零刻度线是否对齐。如果对齐就可以进行测量；如没有对齐则要记取零误差；游标的零刻度线在尺身零刻度线右侧的叫正零误差，在尺身零刻度线左侧的叫负零误差（这件规定方法与数轴的规定一致，原点以右为正，原点以左为负）。

测量时，右手拿住尺身，大拇指移动游标，左手拿待测外径（或内径）的物体，使待测物位于外测量爪之间，当与量爪紧紧相贴时，即可读数。读数如图 2-25 所示。

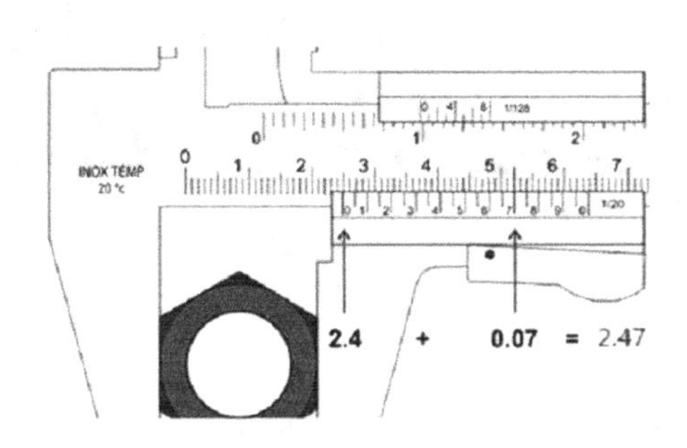

图 2-25　游标卡尺读数示例

2. 测电仪

测电仪是用来测试电流、电路内线序、各个分闸是否正常的一项必备工具。常见形式如图 2-26 所示。

图 2-26 测电仪

（1）功用：检测电路线序，试电插座试电插座。上有 3 个指示灯，从左至右分别表示零线、地线、火线。

（2）使用方法：使用时，将测电仪插入插座，当右边的两个指示灯同时亮时，表示电路正常，当 3 个灯全部熄灭时则表示电路中没有线流；只有中间的灯亮时表示缺地线；只有右边的灯亮时表示缺零线。检测如图 2-27 所示。

图 2-27 测电仪测试

3. 万用表

（1）功用：测试各个强电插座及弱电类是否畅通，由表头、测量电路及转换开关 3 个主要部分组成。如图 2-28 所示。

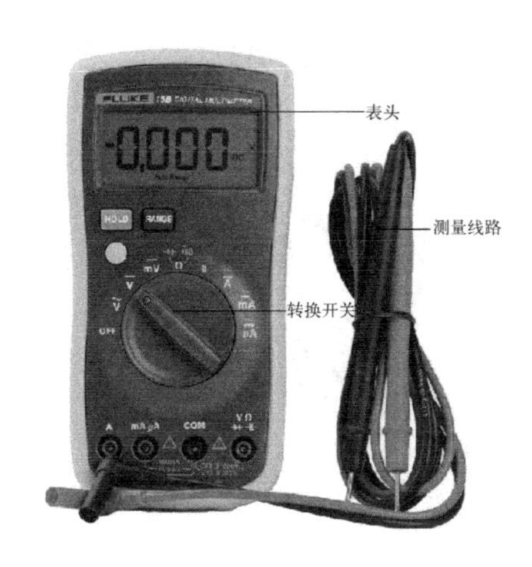

图 2-28　常见万用表形式

（2）使用方法：数字万用表是相对来讲比较简单的工具，这里以电压的测量为例，示范其使用方法。

直流电压的测量，如电池、随身听电源等。首先将黑表笔插进“COM”孔内，红表笔插进“VΩ”孔内。把旋钮选到为最大量程（“V－”表示直流电压挡，“V~”表示交流电压挡，“A”是电流挡），把表笔接到电源或电池两端；保持接触稳定。数值可以直接从显示屏上读取，若显示为“1”，则表明量程太小，就要加大量程后再测量工业电器。如果在数值左边出现“－”，则表明表笔极性与实际电源极性相反，此时红表笔接的是负极。操作如图 2-29 所示。

交流电压的测量。表笔插孔与直流电压的测量一样，将旋转钮调到交流档“V~”处最大量程。交流电压无正负之分，测量方法同直流电压。

注意：两种电压的测试，不要用手触摸表笔的金属部分。

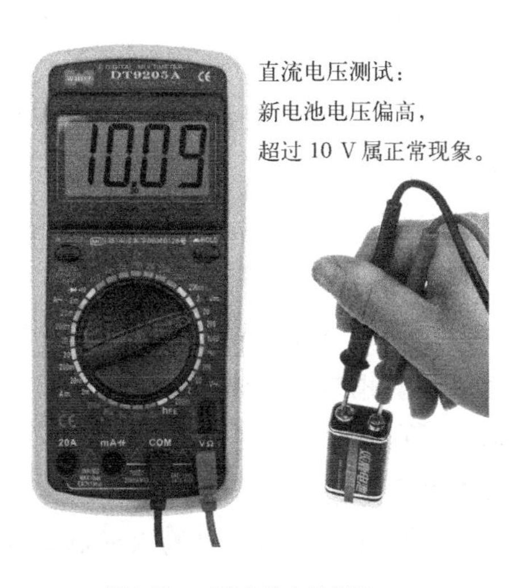

图 2-29　万能表的电流测量

更多检测工具及使用方法请扫描二维码 2-1。

二维码 2-1

【能力测试】

知识题作业（答案见二维码 2-2）

二维码 2-2

1. 填空题

1.1 在建筑工程、建筑装饰装修工程中，最常用的工具包由 11 件多功能建筑检测器组成：包括内外直角检测尺、（　　　　　　　　　　）、百格网、检测镜、（　　　　）、焊缝检测尺、水电检测锤、（　　　　）及钢针小锤等。

1.2 检测尺又称（　　　　　　）或靠尺，为可展式结构，合拢长 1m，展开长（2）m。其功用是用于检测各种墙饰面的（　　　　　　）；地面的平整度等。主要用于垂直度与水平度的检测，一般在检测平整度时与（　　　　）配合使用。

1.3 方尺也称为（　　　　　　　　　　　　　），用于（　　　　　　　），及一般平面的垂直度和水平度检测。如土建、装饰装修饰面工程的阴阳角方正度检测，土建工程的模板（　）° 的阴阳角方正度、钢结构主板与缀板的方直度、门窗边角方正等的检测。

1.4 响鼓锤分为两种，一种是（　　　　　　），称之为大响鼓锤；另一种锤头重 10g，称之为小响鼓锤。大响鼓锤的锤尖用于（　　　　　　　　　　），或大块陶瓷面砖的（　　　　　）或程度，锤头则用于检测较厚的水泥砂浆找坡层及找平层，或厚度在 40mm 左右混凝土面层的空鼓面积或程度；小响鼓锤的锤头用于检测厚度在 20mm 以下的水泥砂浆找平层、面层的空鼓面积或程度，锤尖则用于检测小块陶瓷面砖的空鼓面积或程度。

2. 实操题

2.1 用卷尺测量课桌、教室内门的长宽高，精确到毫米。

2.2 用靠尺及塞尺检测教室内墙面、地面的水平度及垂直度是否达到验收标准。

实践活动作业

1. 活动任务

到学校实训中心实训工具管理处，借取 2m 靠尺、塞尺、卷尺、钢直尺响锤等检测工具，课余时间对教室墙面涂料饰面进行现场质量检测，给出检测结果，并填写好相关记录。

2. 活动组织

在活动实施中，对学生进行分组，学生 4 ～ 5 人组成一个工作小组，组长对每名组员进行任务分配。各小组制定出实施方案及工作计划，组长指导本组学生学习，检查项目进程和质量，制定改进措施，记录整理保存好各种检测技术文件，共同完成项目任务。

3. 活动时间

各组学生根据课余时间，自行组织完成。

4. 活动工具

图集、规范、计算器、铅笔、靠尺等各种检测工具。

5. 活动评价

教室墙面涂料涂饰质量检测完成后，填写质检报告单，扫描二维码 3 可见质量报告单格式，参见格式填写所检测项目内容。

二维码 3

项目 3
抹灰工程施工质量检测与验收

【项目概述】

介绍抹灰子分部工程的质量要求、检查内容及检查方法；对抹灰分项工程的质量检验标准、检验批验收记录做出了明确规定；针对实际的抹灰工程项目进行质量检测与验收，填写检验记录单。

【学习目标】

通过本项目的学习，你将能够：

1. 熟悉抹灰工程的类型；
2. 掌握抹灰工程的施工质量检测与验收规范；
3. 会运用相关检测仪器和工具对抹灰工程质量进行现场检测与检验；
4. 会填写抹灰工程质量检测与验收的相关技术文件，并进行管理、整理、归档等。

【项目描述】

某公司装饰装修工程，原建筑为框架结构，外墙混凝土砌块填充墙，内部空间由轻质隔墙分割成为不同用途的空间，根据设计，外墙面在保温层上进行薄抹灰，内墙面进行一般抹灰施工，完工后需要对工程质量进行检验和验收，主要利用《建筑装饰装修工程质量验收标准》GB 50210-2018 及《住宅室内装饰装修工程质量验收规范》JGJ/T 304-2013 等规范要求，对抹灰的适用范围、主控项目、一般项目中的外观质量、允许偏差等方面进行验收和检测。

【学习支持】

1.《建筑装饰装修工程质量验收标准》GB 50210-2018；
2.《住宅室内装饰装修工程质量验收规范》JGJ/T 304-2013；
3.《建筑内部装修设计防火规范》GB 50222《建筑设计防火规范》GB 50016；
4.《建筑内部装修设计防火规范》GB 50222《建筑设计防火规范》GB 50016；
5.《建筑工程施工质量验收统一标准》GB 50300-2013。

【项目知识】

3.1 抹灰工程一般规定

3.1.1 适用范围

抹灰工程适用于一般抹灰、保温层薄抹灰、装饰抹灰和清水砌体勾缝等分项工程的质量验收。一般抹灰饰面、装饰抹灰饰面、清水墙饰面如图 3-1 ~图 3-3 所示。

图 3-1　一般抹灰饰面

图 3-2　装饰抹灰饰面

图 3-3　清水砖墙饰面

3.1.2　各分项工程的检验批应按下列规定划分

（1）相同材料、工艺和施工条件的室外抹灰工程每 1000m² 应划分为一个检验批，不足 1000m² 时也应划分为一个检验批；

注：室外抹灰一般是上下层连续作业，两层之间是完整的装饰面，没有层与层之间的界限，如果按楼层划分检验批，不便于检查。另一方面各建筑物的体量和层高不一致，即使是同一建筑，其层高也不完全一致，按楼层划分检验批量的概念难确定。因此，室外按相同材料、工艺和施工条件每 1000m² 划分为一个检验批。

（2）相同材料、工艺和施工条件的室内抹灰工程每 50 个自然间应划分为一个检验批，不足 50 间也应划分为一个检验批，大面积房间和走廊可按抹灰面积每 30m² 计为 1 间。

3.1.3　检查数量

（1）室内每个检验批应至少抽查 10%，并不得少于 3 间，不足 3 间时应全数检查。

（2）室外每个检验批每 100m² 应至少抽查一处，每处不得小于 10m²。

3.1.4　一般规定

（1）抹灰工程验收时应检查下列文件和记录：

1）抹灰工程的施工图、设计说明及其他设计文件；

2）材料的产品合格证书、性能检验报告、进场验收记录和复验报告；

3）隐蔽工程验收记录；

4）施工记录。

（2）抹灰工程应对下列材料及其性能指标进行复验：

1）砂浆的拉伸粘结强度；

2）聚合物砂浆的保水率。

（3）抹灰工程应对下列隐蔽工程项目进行验收：

1）抹灰总厚度大于或等于 35mm 时的加强措施；

2）不同材料基体交接处的加强措施。

注：抹灰厚度过大时，容易产生起鼓、脱落等质量问题；不同材料基体交接处，由于吸水和收缩性不一致，接缝处表面的抹灰层容易开裂，上述情况均应采取加强措施，以切实保证抹灰工程的质量。

（4）外墙抹灰工程施工前应先安装钢木门窗框、护栏等，应将墙上的施工孔洞堵塞密实，并对基层进行处理。

注：门窗缝隙过大会造成堵塞不严或产生收缩裂缝，因此缝隙较大时应在砂浆中掺入少量麻刀嵌塞，使其塞缝严密。

（5）室内墙面、柱面和门洞口的阳角，做法应符合设计要求，如图3-4、图3-5所示。设计无要求时，应采用不低于M20水泥砂浆做护角，其高度不应低于2m，每侧宽度不应小于50mm。

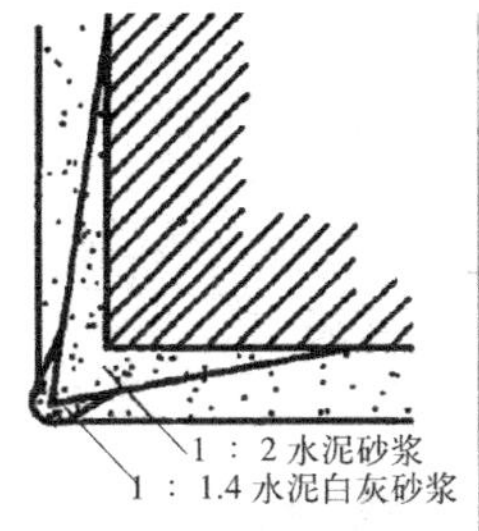

图3-4 墙柱阳角包角抹灰

图3-5 阴阳角设计嵌安阴角条和阳角条

（6）当要求抹灰层具有防水、防潮功能时，应采用防水砂浆。

（7）各种砂浆抹灰层，在凝结前应防止快干、水冲、撞击、振动和受冻，在凝结后应采取措施防止沾污和损坏。水泥砂浆抹灰层应在湿润条件下养护。

（8）外墙和顶棚的抹灰层与基层之间及各抹灰层之间应粘结牢固。

注：混凝土（包括预制混凝土）顶棚基体抹灰，由于各种因素的影响，抹灰层脱落的质量事故时有发生，严重危及人身安全，引起有关部门的重视。北京市为解决混凝土顶棚基体表面抹灰层脱落的质量问题，要求各建筑施工单位不得在混凝土顶棚基体表面抹灰，用腻子找平即可，效果良好。

3.2 一般抹灰工程质量检测与验收

3.2.1 适用范围

一般抹灰工程分为普通抹灰和高级抹灰两级，抹灰等级应由设计单位按照国家有关规定，根据技术、经济条件和装饰美观的需要来确定，并在施工图中注明。当设计无要求时，按普通抹灰验收。一般抹灰包括水泥砂浆、水泥混合砂浆、聚合物水泥砂浆和粉刷石膏等抹灰。

3.2.2 主控项目

（1）一般抹灰所用材料的品种和性能应符合设计要求及国家现行标准的有关规定。

检验方法：检查产品合格证书、进场验收记录、性能检验报告和复验报告。

（2）抹灰前基层表面的尘土、污垢和油渍等应清除干净，并应洒水润湿或进行界面处理。

检验方法：检查施工记录。

（3）抹灰工程应分层进行。当抹灰总厚度大于或等于 35mm 时，应采取加强措施。不同材料基体交接处表面的抹灰，应采取防止开裂的加强措施，当采用加强网时，加强网与各基体的搭接宽度不应小于 100mm。

检验方法：检查隐蔽工程验收记录和施工记录。

（4）抹灰层与基层之间及各抹灰层之间应粘结牢固，抹灰层应无脱层和空鼓，面层应无爆灰和裂缝。

检验方法：观察；用小锤轻击检查；检查施工记录。如图 3-6 ～图 3-8 所示。

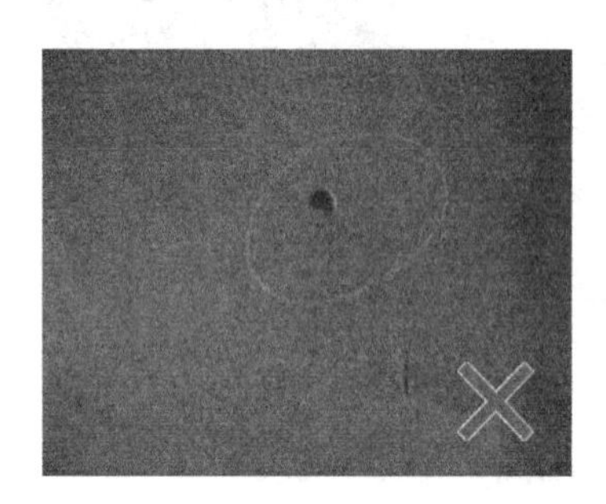

图 3-6　观察墙面爆灰现象

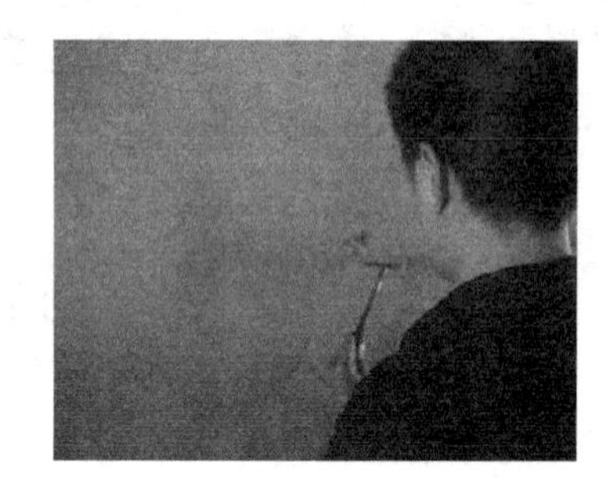

图 3-7　墙面抹灰空鼓检查

图 3-8　观察墙面裂缝及抹灰脱层现象，均为不合格

3.2.3 一般项目

（1）一般抹灰工程的表面质量应符合下列规定：

1）普通抹灰表面应光滑、洁净，接槎平整，分格缝应清晰；

2）高级抹灰表面应光滑、洁净、颜色均匀，无抹纹，分格缝和灰线应清晰美观。

检验方法：观察；手摸检查。

（2）护角、孔洞、槽、盒周围的抹灰表面应整齐、光滑；管道后面的抹灰表面应平整。

检验方法：观察。

（3）抹灰层的总厚度应符合设计要求；水泥砂浆不得抹在石灰砂浆层上；罩面石膏灰不得抹在水泥砂浆层上。

检验方法：检查施工记录。

（4）抹灰分格缝的设置应符合设计要求，宽度和深度应均匀，表面应光滑，棱角应整齐。

检验方法：观察；尺量检查。分格缝如图 3-9 所示。

图 3-9　观察抹灰分格缝的设置

（5）有排水要求的部位应做滴水线（槽），如图 3-10 所示；滴水线（槽）应整齐顺直，滴水线应内高外低，滴水槽的宽度和深度应满足设计要求，且均不应小于 10mm。

检验方法：观察；尺量检查。

图 3-10　观察滴水槽设置

（6）一般抹灰工程质量的允许偏差和检验方法应符合表 3-1 的规定，墙面垂直度、平整度具体操作方法参见项目 2 相关内容，检测结果如图 3-11、图 3-12 所示。

一般抹灰的允许偏差和检验方法　　表 3-1

项次	项目	允许偏差（mm）		检验方法
		普通抹灰	高级抹灰	
1	立面垂直度	4	3	用 2m 垂直检测尺检查
2	表面平整度	4	3	用 2m 靠尺和塞尺检查
3	阴阳角方正	4	3	用 200mm 直角检测尺检查
4	分格条（缝）直线度	4	3	拉 5m 线，不足 5m 拉通线，用钢直尺检查
5	墙裙、勒脚上口直线度	4	3	拉 5m 线，不足 5m 拉通线，用钢直尺检查

注：1 普通抹灰，本表第 3 项阴阳角方正可不检查；2 顶棚抹灰，本表第 2 项表面平整度可不检查，但应平顺。

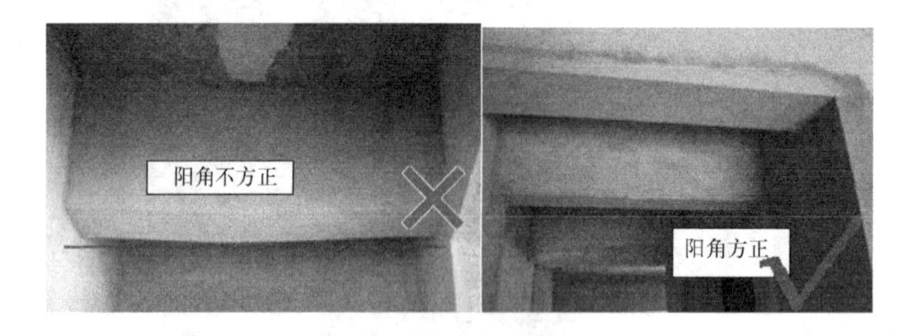

图 3-11　阳角方正检测

图 3-12　踢脚线上口平直检测

3.3　保温层薄抹灰工程质量检测与验收

我国建筑外墙保温节能要求寒冷地区采用外保温外墙，保温层薄抹灰工程做法大量应用，包括保温层外面聚合物砂浆薄抹灰，已经有现行行业标准《外墙外保温工程技术标准》JGJ 144、《膨胀聚苯板薄抹灰外墙外保温系统》JG 149、《胶粉聚苯颗粒外墙外保温系统》JG 158 等。

3.3.1 主控项目

（1）保温层薄抹灰所用材料的品种和性能应符合设计要求及国家现行标准的有关规定。

检验方法：检查产品合格证书、进场验收记录、性能检验报告和复验报告。

（2）基层质量应符合设计和施工方案的要求。基层表面的尘土、污垢和油渍等应清除干净。基层含水率应满足施工工艺的要求。

检验方法：检查施工记录。

（3）保温层薄抹灰及其加强处理应符合设计要求和国家现行标准的有关规定。

检验方法：检查隐蔽工程验收记录和施工记录。

（4）抹灰层与基层之间及各抹灰层之间应粘结牢固，抹灰层应无脱层和空鼓，面层应无爆灰和裂缝。

检验方法：观察；用小锤轻击检查；检查施工记录。

3.3.2 一般项目

（1）保温层薄抹灰表面应光滑、洁净、颜色均匀、无抹纹，分格缝和灰线应清晰美观。

检验方法：观察；手摸检查。

（2）护角、孔洞、槽、盒周围的抹灰表面应整齐、光滑；管道后面的抹灰表面应平整。

检验方法：观察。

（3）保温层薄抹灰层的总厚度应符合设计要求。

检验方法：检查施工记录。

（4）保温层薄抹灰分格缝的设置应符合设计要求，宽度和深度应均匀，表面应光滑，楞角应整齐。

检验方法：观察；尺量检查。

（5）有排水要求的部位应做滴水线（槽）。滴水线（槽）应整齐顺直，滴水线应内高外低，滴水槽宽度和深度均不应小于10mm。

检验方法：观察；尺量检查。

（6）保温层薄抹灰工程质量的允许偏差和检验方法应符合表3-2的规定。

保温层薄抹灰工程质量的允许偏差和检验方法　　表3-2

项次	项目	允许偏差（mm）	检验方法
1	立面垂直度	3	用2m垂直检测尺检查
2	表面平整度	3	用2m靠尺和塞尺检查

续表

项次	项目	允许偏差（mm）	检验方法
3	阴阳角方正	3	用200mm直角检测尺检查
4	分格条（缝）直线度	3	拉5m线，不足5m拉通线，用钢直尺检查

3.4 装饰抹灰工程质量检测与验收

装饰抹灰包括水刷石、斩假石、干粘石和假面砖等装饰抹灰。如图3-13～图3-16所示。

图3-13 水刷石

图3-14 斩假石

图3-15 干粘石

图3-16 假面砖

3.4.1 主控项目

（1）装饰抹灰工程所用材料的品种和性能应符合设计要求及国家现行标准的有关规定。

检验方法：检查产品合格证书、进场验收记录、性能检验报告和复验报告。

（2）抹灰前基层表面的尘土、污垢和油渍等应清除干净，并应洒水润湿或进行界面处理。

检验方法：检查施工记录。

(3) 抹灰工程应分层进行，当抹灰总厚度大于或等于35mm时，应采取加强措施。不同材料基体交接处表面的抹灰，应采取防止开裂的加强措施，当采用加强网时，加强网与各基体的搭接宽度不应小于100mm。

检验方法：检查隐蔽工程验收记录和施工记录。

(4) 各抹灰层之间及抹灰层与基体之间应粘结牢固，抹灰层应无脱层、空鼓和裂缝。

检验方法：观察；用小锤轻击检查；检查施工记录。

3.4.2 一般项目

(1) 装饰抹灰工程的表面质量应符合下列规定：

1) 水刷石表面应石粒清晰、分布均匀、紧密平整、色泽一致，应无掉粒和接槎痕迹。

2) 斩假石表面剁纹应均匀顺直、深浅一致，应无漏剁处；阳角处应横剁并留出宽窄一致的不剁边条，棱角应无损坏。

3) 干粘石表面应色泽一致、不露浆、不漏粘，石粒应粘结牢固、分布均匀，阳角处应无明显黑边。

4) 假面砖表面应平整、沟纹清晰、留缝整齐、色泽一致，应无掉角、脱皮和起砂等缺陷。

检验方法：观察；手摸检查。如图3-17、图3-18所示。

图3-17　水刷石手摸检查

图3-18　观察斩假石边条的宽窄是否一致

(2) 装饰抹灰分格条（缝）的设置应符合设计要求，宽度和深度应均匀。表面应平整光滑，棱角应整齐。

检验方法：观察。

(3) 有排水要求的部位应做滴水线（槽）。滴水线（槽）应整齐顺直，滴水线应内高外低，滴水槽的宽度和深度均不应小于10mm。

检验方法：观察；尺量检查。

(4) 装饰抹灰工程质量的允许偏差和检验方法应符合表3-3的规定。

装饰抹灰工程质量的允许偏差和检验方法　表 3-3

项次	项目	允许偏差（mm）				检验方法
		水刷石	斩假石	干粘石	假面砖	
1	立面垂直度	5	4	5	5	用 2m 垂直检测尺检查
2	表面平整度	3	3	5	4	用 2m 靠尺和塞尺检查
3	阴阳角方正	3	3	4	4	用 200mm 直角检测尺检查
4	分格条（缝）直线度	3	3	3	3	拉 5m 线，不足 5m 拉通线，用钢直尺检查
5	墙裙、勒脚上口直线度	3	3	—	—	拉 5m 线，不足 5m 拉通线，用钢直尺检查

3.5　清水砌体勾缝工程质量检测与验收

清水砌体勾缝包括清水砌体砂浆勾缝和原浆勾缝。如图 3-19 所示。

图 3-19　清水砌体勾缝

3.5.1　主控项目

（1）清水砌体勾缝所用砂浆的品种和性能应符合设计要求及国家现行标准的有关规定。检验方法：检查产品合格证书、进场验收记录、性能检验报告和复验报告。

（2）清水砌体勾缝应无漏勾。勾缝材料应粘结牢固、无开裂。

检验方法：观察。

3.5.2　一般项目

（1）清水砌体勾缝应横平竖直，交接处应平顺，宽度和深度应均匀，表面应压实抹平。

检验方法：观察；尺量检查。

（2）灰缝应颜色一致，砌体表面应清净。

检验方法：观察。

【项目实施】

1. 任务分配

根据施工图纸，可知本工程内墙面需先进行一般抹灰装修，根据设计说明中一般抹灰要求，进行此工程一般抹灰工程、装饰抹灰工程及保温层薄抹灰工程质量检测项目任务。

劳动组织形式：学生 4 ～ 5 人为一个工作小组，采用组长负责制，负责分配任务、制定项目实施方案，并协助教师在项目实施过程中指导学生，检查督促任务进展及质量，有问题与组员一起商讨解决，并及时汇报教师，以便共同顺利完成项目任务。组长安排一名学生资料员，负责记录整理和及时上交本组任务相关资料的工作。项目任务分配见表 3-4。

项目任务分配表　　表 3-4

序号	任务	内容	实施人	备注
1	资料收集	1. 图纸资料 2. 设备和工具的使用说明 3. 步骤操作基本要领和注意点	全组成员	
2	方案制定	1. 可用的几种实施方案 2. 所选定方案的优势	全组成员	
3	过程实施	1. 准备相应的设备和工具 2. 选取样例检测 3. 结果计算确定	全组成员	
4	检查改进	1. 进度检查 2. 质量检测 3. 改进措施	组长	
5	评价总结	1. 各小组自评项目完成情况，选出代表作技术汇报 2. 组与组之间互评，选出最佳小组作成果展示	全组成员	

2. 任务准备

（1）项目任务检测前，认真熟悉抹灰工程质量检测的相关规定；

（2）熟悉施工项目的图纸；

（3）正确使用经过校验合格的检测和测量工具；

（4）准备好抹灰工程验批质量验收记录表等技术文件表格；

（5）项目任务完成后，清点工具并归还实训中心仓库管理教师；填写工具设备使用情况；清理场地搞好卫生。

3. 检测实施

一般抹灰工程、装饰抹灰工程及保温层薄抹灰工程的质量检测分主控项目和一般项目，检测内容、抽查数量和方法如下：

（1）主控项目

一般抹灰工程的主控项目质量检测主要按照《建筑装饰装修工程质量验收标准》GB 50210-2018，4.2.1 ～ 4.2.4 条规定；装饰抹灰工程按照 4.3.1 ～ 4.3.4 条规定；保温层薄抹灰工程按照 4.4.1 ～ 4.4.4 条规定，抹灰工程的质量检测所用检测工具的正确使用及操作方法详见项目 2——装饰工程质量检测与验收常用工具仪器及使用。

（2）一般项目

一般抹灰工程的一般项目主要按照《建筑装饰装修工程质量验收标准》GB 50210-2018，4.2.5 ～ 4.2.10 条的规定；装饰抹灰工程按照 4.3.5 ～ 4.3.10 条的规定；保温层抹灰工程按照 4.4.5 ～ 4.4.8 条的规定；抹灰工程的质量检测所用检测工具的正确使用及操作方法，详见项目 2——装饰工程质量检测与验收常用工具仪器及使用。

4. 填写抹灰工程检验批质量验收记录表

检验批表格的格式见表 3-5。

一般抹灰工程检验批质量验收记录　　编号：　　　　表 3-5

工程名称	某市南王文化广场	分项工程名称	一般抹灰	验收部位	室内二层
施工单位	某市环宇建筑公司			项目经理	郑某某
施工执行标准名称及编号	建筑装饰装修工程施工工艺标准（GSQB-09-2010）			专业工长	曹某某
分包单位	/	分包项目经理	/	施工班组长	于某某
检控项目	序号	质量验收规范的规定		施工单位检查评定记录	监理（建设）单位验收记录
主控项目	1	基层表面清理并洒水润湿	4.2.2 条	符合要求	合格
	2	抹灰用材料品种性能，砂浆配合比等应符合设计要求	4.2.3 条	符合要求	
	3	抹灰工程应分层进行	4.2.4 条	符合要求	
	4	抹灰层与基层之间及各抹灰层之间必须粘结牢固，抹灰层应无脱层、空鼓，面层应无爆灰和裂缝	4.2.5 条	符合要求	
一般项目	1	一般抹灰工程表面质量	4.2.6 条	符合要求	合格
	2	护角、孔洞、槽、盒周围抹灰表面应整齐、光滑、平整	4.2.7 条	符合要求	
	3	抹灰层总厚度应符合设计要求及抹灰相关要求	4.2.8 条	符合要求	
	4	分割缝设置及宽、深度等要求	4.2.9 条	/	
	5	滴水线（槽）质量	4.2.10 条	/	

续表

	6	一般抹灰工程量	允许偏差（mm）		量测值（mm）										
			普通 ☑	高级 □											
一般项目	1）	立面垂直度	4	3	1	2	3	1	1	2	3	3	1	1	合格
	2）	表面平整度	4	3	0	2	3	3	4	3	2	1	1	2	
	3）	阴阳角方正	4	3	2	3	4	1	2	3	4	1	2	3	
	4）	分格条（缝）直线度	4	3											
	5）	墙裙、勒脚上口直线度	4	3											

施工单位检查评定结果	检查评定合格 项目专业质量检查员：王某某　　××年×月×日
监理（建设）单位验收结论	同意验收 监理工程师　华某某 （建设单位项目专业技术负责人）：　　××年×月×日

注：此表采用河北省工程建设标准《建筑工程技术资料管理规程》DB13（J）35-2002。

检验批表格填写要求示范：

（1）表头部分

表3-6为一般抹灰施工检验批质量验收记录表表头的填写。

一般抹灰施工检验批质量验收记录表表头　　表3-6

工程名称	某市南王文化广场	分项工程名称	一般抹灰	验收部位	室内二层墙面
施工单位	某市环宇建筑公司			项目经理	郑某某
施工执行标准名称及编号	建筑装饰装修工程施工工艺标准 GSQB-09-2010			专业工长	曹某某
分包单位	/	分包项目经理	/	施工班组长	于某某

1）工程名称：按合同文件上的单位工程名称填写。

2）分项工程名称：按验收规范划定的分项工程名称填写。

3）验收部位：指验收的检验批的抽样范围。

4）施工单位、分包单位：填写施工单位、分包单位的全称，与合同上公章名称相一致。如果有分包单位则填写，否则填写“/”。

5）项目经理、分包项目经理：

A项目经理填写合同中指定的项目负责人。在装饰、安装分部工程施工中，有分包单位时，分包单位的项目经理也应是合同中指定的分包单位项目负责人。如果有分包单位则填写分包项目经理，否则填写“/”。

B 项目经理、分包项目经理：这两个单元格的内容，不需要本人签字，由填表人统一填写，以便明确责任，体现责任的可追溯性。

6）专业工长、施工班组长：根据施工具体安排填写，有分包单位时，填写分包单位专业工长和施工班组长。

7）施工执行标准名称及编号：应填写施工所执行标准的名称及编号，可以填写本企业的企业标准，如果没有企业标准也可以填写地方标准、行业标准或国家标准。企业标准应有编制人、批准人、批准时间、执行时间、标准名称及编号。如果未采用上述标准，也可填写实际采用的施工技术方案等依据，填写时要将标准名称及编号填写齐全，此栏不应填写质量验收规范名称。

(2)“质量验收规范的规定”栏

表 3-7 为“质量验收规范的规定”栏。按质量验收规范的规定填写具体的质量要求，在制表时就已填写好验收规范中主控项目、一般项目的全部内容。但由于表格的地方小，多数指标不能将全部内容填写下，所以，只将质量指标归纳、简化描述或将题目及条纹号填写上，作为检查内容提示，以便查对验收规范的原文；对技术检查的项目，将数据直接写出来。

“质量验收规范的规定”栏　　表 3-7

检控项目	序号	质量验收规范的规定		施工单位检查评定记录	监理（建设）单位验收记录
主控项目	1	基层表面清理并洒水润湿	4.2.2 条	符合要求	合格
	2	抹灰用材料品种性能，砂浆配合比等应符合设计要求	4.2.3 条	符合要求	
	3	抹灰工程应分层进行	4.2.4 条	符合要求	
	4	抹灰层与基层之间及各抹灰层之间必须粘结牢固，抹灰层应无脱层、空鼓，面层应无爆灰和裂缝	4.2.5 条	符合要求	
一般项目	1	一般抹灰工程表面质量	4.2.6 条	符合要求	合格
	2	护角、孔洞、槽、盒周围抹灰表面应整齐、光滑、平整	4.2.7 条	符合要求	
	3	抹灰层总厚度应符合设计要求及抹灰相关要求	4.2.8 条	符合要求	
	4	分割缝设置及宽、深度等要求	4.2.9 条	/	
	5	滴水线（槽）质量	4.2.10 条	/	

续表

<table>
<tr><th>检控项目</th><th>序号</th><th colspan="3">质量验收规范的规定</th><th colspan="10">施工单位检查评定记录</th><th>监理（建设）单位验收记录</th></tr>
<tr><td rowspan="7">一般项目</td><td rowspan="2">6</td><td rowspan="2">一般抹灰工程量</td><td colspan="2">允许偏差（mm）</td><td colspan="10" rowspan="2">量测值（mm）</td><td rowspan="7">合格</td></tr>
<tr><td>普通☑</td><td>高级☐</td></tr>
<tr><td>1）</td><td>立面垂直度</td><td>4</td><td>3</td><td>1</td><td>2</td><td>3</td><td>1</td><td>1</td><td>2</td><td>3</td><td>3</td><td>1</td><td>1</td></tr>
<tr><td>2）</td><td>表面平整度</td><td>4</td><td>3</td><td>0</td><td>2</td><td>3</td><td>3</td><td>4</td><td>3</td><td>2</td><td>1</td><td>1</td><td>2</td></tr>
<tr><td>3）</td><td>阴阳角方正</td><td>4</td><td>3</td><td>2</td><td>3</td><td>4</td><td>1</td><td>2</td><td>3</td><td>4</td><td>1</td><td>2</td><td>3</td></tr>
<tr><td>4）</td><td>分格条（缝）直线度</td><td>4</td><td>3</td><td></td><td></td><td></td><td></td><td></td><td></td><td></td><td></td><td></td><td></td></tr>
<tr><td>5）</td><td>墙裙、勒脚上口直线度</td><td>4</td><td>3</td><td></td><td></td><td></td><td></td><td></td><td></td><td></td><td></td><td></td><td></td></tr>
<tr><td colspan="3">施工单位检查评定结果</td><td colspan="13">检查评定合格
项目专业质量检查员：王某某　　××年×月×日</td></tr>
<tr><td colspan="3">监理（建设）单位验收结论</td><td colspan="13">同意验收
监理工程师　华某某
（建设单位项目专业技术负责人）：　　××年×月×日</td></tr>
</table>

（3）“施工单位检查评定记录”栏

表3-8为“施工单位检查评定记录”栏，填写方法分为以下几种情况，按施工质量验收规范规定进行判定。

1）对定量项目，直接填写抽测数据。表3-5中“立面垂直度”就是定量项目。

2）对于无法填入实测数据的定量项，表3-8中“建筑地面混凝土垫层表面”，图中“坡度”、“厚度”两个检验项目就属于这种情况。“坡度”符合设计要求的规定为“不大于房间相应尺寸的2/1000，且不大于30mm”，假设我们检查了10个房间，其相应尺寸都是不同的，此时在后面的10个小格子中就无法输入真实的量测数据。对这种情况，一般有两种处理方法：

方法1：把此类项目后面的10个小格子合并，转变为定性项，按照定性项的填写方法填写。例如，可以填写为“实测10点，全部符合要求”或实测10点有2点超偏差，但未超过1.5倍允许偏差。

方法2：填入特定的符号代表不同的检查结果，注意表格中必须有符号代表含义的说明。下图所示表格中，“√”表示允许偏差内的合格点；“O”表示超偏但未超1.5倍允许偏差的点；“×”表示不合格点。

“施工单位检查评定记录”栏　　表 3-8

一般项目	1	建筑地面混凝土垫层表面	允许偏差值（mm）	量测值（mm）										合格
	1）	表面平整度	10	1	2	3	4	6	7	1	2	3	4	
	2）	标高	±10	+13	-5	+7	-5	-6	+8	+5	-6	-9	+1	
	3）	坡高	不大于房间相应尺寸的 2/1000，且不大于 30mm	√√	√√	√√	O	√√	√√	√√	√√	√√	√√	
	4）	厚度	在个别地方不大于设计厚度的 1/10	√√	√√	√√	√√	√	O	√√	√	O	√	

注：√表示允许偏差内的合格点；O 表示超偏但未超 1.5 倍允许偏差的点；× 表示不合格点。

3）对定性项目，采用文字说明的方式填写。有些定性项目验收时需要查看有关质量证明文件或施工记录，此时，在“施工单位检查评定记录”栏，应填写检查的有关质量证明文件或施工记录的名称和编号。

4）对既有定性又有定量内容的项目，各个子项目质量均符合质量验收规范规定时，填写符合要求，无此项内容的打“/”来标注。

5）“施工单位检查评定记录”栏的填写，有数据的项目，将实际测量的数值填入格内。超企业标准而没有超过国家验收规范的数字，用符号“O”圈住；对超过国家验收规范的数字用符号“Δ”将其圈住。

6）有混凝土、砂浆强度等级要求的检验批，按照规定留取试件后，可填写试件编号，其他内容先行验收，签署验收当日日期，各方签名确认。待试件试验报告出来后，结果合格则验收记录自动生效，不合格的处理后重新验收。

表 3-9 为验收当日填写试块编号的示例。注意：即使将来试验报告出来后，也不必填写试验结果。

验收当日填写试块编号示例　　表 3-9

主控项目	1	混凝土试件的取样与留置规定	7.4.1 条	留置 2 组标养试块，编号 BY-025、BY-026；留置 1 组拆模用同条件试块，编号 TY-021	合格
	2	抗渗混凝土试件的留置	7.4.2 条	/	
	3	混凝土原材料每盘称量偏差	7.4.3 条	/	
	1）	水泥、掺和料	±2%	/	
	2）	粗、细骨料	±3%	/	
	3）	水、外加剂	±2%	/	
	4	混凝土运输、浇筑及间歇的全部时间	7.4.4 条	符合要求	

表3-9为签署验收当日日期和各方签名确认的示例。注意：这里的日期签署的是验收当日的日期，各方责任人签名也是验收当时的签名。

(4)“监理（建设）单位验收记录”栏

在施工过程中，通常监理人员应以平行、旁站或巡回的方式进行监理，对施工质量进行查看和测量，并参加施工单位重要项目的检测。对新开工程或首件产品进行全面检查，以了解质量水平和控制措施的有效性及执行情况，在整个过程中，随时可以检测。在检验批验收时，对主控项目、一般项目应逐项进行验收。对符合验收规范规定的项目，填写“合格”或“符合要求”；对不符合验收规范规定的项目，暂不填写，待处理后再验收，但应做标记。

(5)“施工单位检查评定结果”栏

施工单位自行检查评定合格后，应注明“检查评定合格”的结论，签字后交监理工程师或建设单位项目专业技术负责人验收。

(6)“监理（建设）单位验收结论”栏

监理工程师或建设单位项目专业技术负责人，逐项检查主控项目、一般项目所有内容，全部合格后填写“同意验收”的结论，并签名确认，标注验收日期，则该检验批通过验收。填写示例见表3-10。

签署验收当日日期和各方签名确认的示例　　表3-10

施工单位检查评定结果	检查评定合格 项目专业质量检查员：王 ×× 年 月 日
监理（建设）单位验收结论	同意验收 监理工程师：李 ×× （建设单位项目专业技术负责人）： 年 月 日

按照检验批表格要求来绘制一般抹灰施工检验批质量验收表，填写检测项目，记录检测数值，正确填写验收意见，见表3-10。

在项目任务实施过程中，资料员负责管理、填写、收集，验收工程技术文件，并做好整理、管理、保存、存档的工作。

5. 项目评价

在上述任务实施中，按时间、质量、安全、文明环保评分，先自评，在自评的基础上，由本组的同学互评，最后由教师进行总结评定。可参照表3-11。

项目实践任务考核评价表　　表 3-11

序号	考核内容	考核内容及要求	评分标准	配分	学生自评	学生互评	教师考评	得分
1	时间要求	4 课时	没按时完成，此项无分	10				
2	质量要求	资料收集	按照规定收集资料	10				
3		工具设备的正确使用	严格按照设备、工具的要求进行操作	20				
4		项目分部检测	按照过程进行分项分部检测并记录，须符合要求。按照步骤操作，否则扣 5 ~ 10 分	20				
5		结果记录	书写记录全面、正确，有误者酌情扣分	10				
6	安全要求	遵守安全操作规程	不遵守，酌情扣 1 ~ 5 分	10				
7	文明要求	遵守文明生产规则	不遵守，酌情扣 1 ~ 5 分	10				
8	环保要求	遵守环保生产规则	不遵守，酌情扣 1 ~ 5 分	10				

注：如出现重大安全、文明、环保事故，本项目考核记为 0 分。

【项目拓展】

抹灰工程中，当抹灰总厚度大于或等于 35mm 时或不同材料基体交接处均匀应采取加强措施。实际操作中加强的方法各不相同，采用加钢丝网、玻璃纤维布的加强措施都能有效控制收缩裂缝，两种方法中加钢丝网的加强效果较好。

在房屋结构的布局发生改变时，装饰隔墙一般采用轻钢龙骨封硅钙板的工艺做法，此隔墙与原结构混凝土墙或二次结构墙的交接处裂缝通病较为突出，抹灰时通常的加强措施是加钢丝网，但此常规工艺无法确保抹灰层及基层不同收缩产生的张力，导致抹灰层裂缝的出现，甚至抹灰层上的面饰如面砖或石材的缝亦会因较大的应力发生开裂，此情况下应增大钢丝网搭接的宽度至少 200mm。抹灰层的粘结性与基层工艺也息息相关，应增加对基层拉毛甩浆的隐蔽验收，如图 3-20 ～图 3-22 所示。

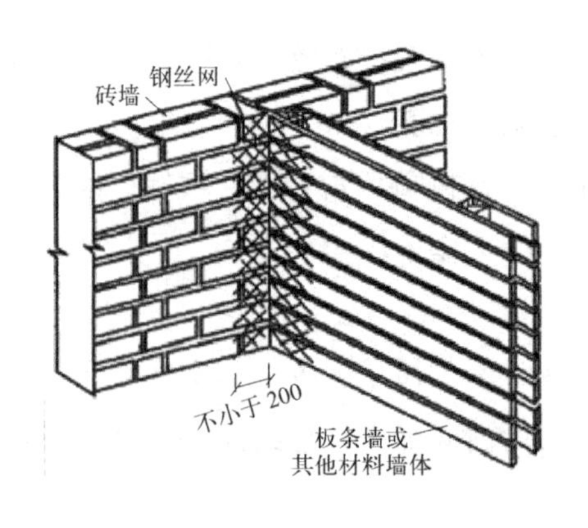

图 3-20　不同材料基体交接处的接缝处理

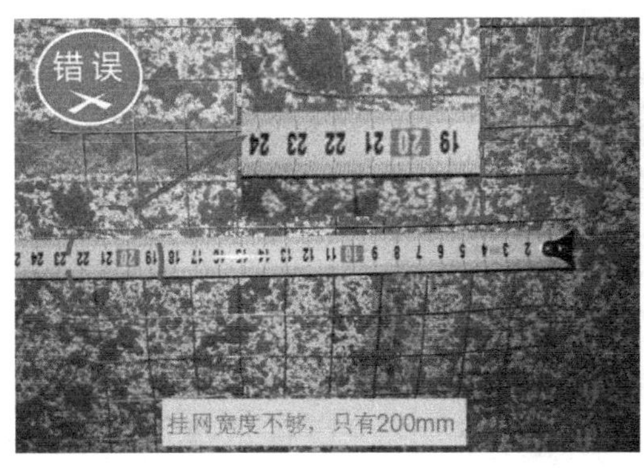

图 3-21　钢丝网宽度检查

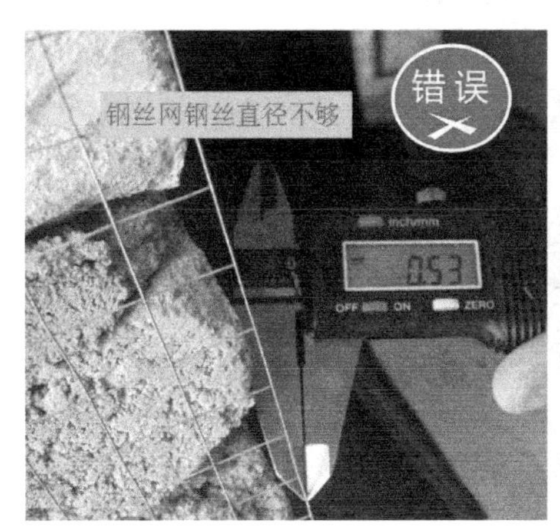

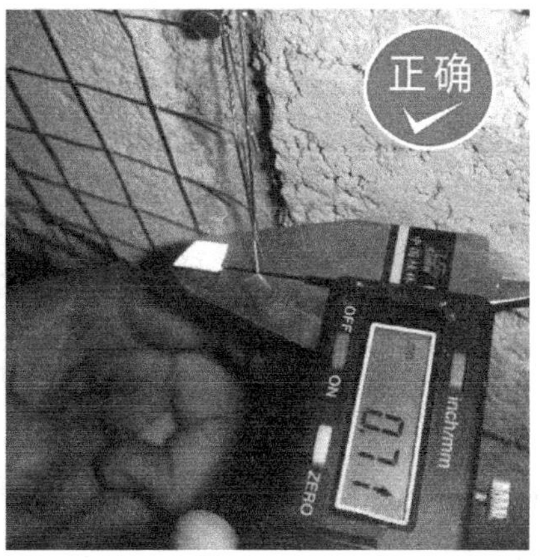

图 3-22　钢丝网钢丝直径检查

抹灰工程的质量关键是粘结牢固，无开裂、空鼓与脱落。如果粘结不牢，出现空鼓、开裂、脱落等缺陷，会降低对墙体的保护作用，且影响装饰效果。

抹灰层之所以出现开裂、空鼓和脱落等质量问题，主要原因是：

（1）基体表面清理不干净，如：基体表面尘埃及疏松物、隔离剂和油渍等影响抹灰粘结牢固的物质未彻底清除干净；基体表面光滑，抹灰前未作毛化处理；

（2）抹灰前基体表面浇水不透，抹灰后砂浆中的水分很快被基体吸收，使砂浆中的水泥未充分水化生成水泥石，影响砂浆粘结力；

（3）砂浆质量不好，使用不当；

（4）一次抹灰过厚，干缩率较大。

【能力测试】

知识题作业（答案见二维码 3-1）

二维码 3-1

1. 填空题

1.1 抹灰总厚度大于或等于（　　）时的加强措施。

1.2 室内墙面、柱面和门洞口的阳角，做法应符合设计要求。设计无要求时，应采用不低于（　　　　　）做护角，其高度不应低于（　），每侧宽度不应小于（　　）。

1.3 抹灰工程应进行复验的材料及其性能指标包括：（　　　　　　　　　）。

1.4 各种砂浆抹灰层，在凝结前应防止（　　　　　　　　　　），在凝结后应采取措施防止（　　　　）。水泥砂浆抹灰层应在（　　）条件下养护。

1.5 有排水要求的部位应做滴水线（　）。滴水线（　）应（　　　　　　　），滴水槽的宽度和深度应满足设计要求，且均不应小于（　　）。

2. 判断题

2.1 一般抹灰工程分为普通抹灰和高级抹灰两级，抹灰等级应由设计单位按照国家有关规定，根据技术、经济条件和装饰美观的需要来确定，并在施工图中注明。当设计无要求时，按普通抹灰验收。（　）

2.2 不同材料基体交接处表面的抹灰，应采取防止开裂的加强措施，当采用加强网时，加强网与各基体的搭接宽度不应小于 50mm。（　）

2.3 抹灰层的总厚度应符合设计要求：水泥砂浆不得抹在石灰砂浆层上；罩面石膏灰不得抹在水泥砂浆层上。检验方法：检查施工记录。（　）

2.4 监理工程师或施工单位技术员，逐项检查主控项目、一般项目所有内容，全部合格后填写“同意验收”的结论，并签名确认，标注验收日期，则该检验批通过验收。（　）

实践活动作业

1. 活动任务

到学校实训中心抹灰车间，对所完成饰面现场做质量检测，并给出检测结果。

2. 活动组织

活动实施中，学生进行分组，学生 4 ～ 5 人组成一个工作小组，组长对每名组员进行任务分配。各小组制定出实施方案及工作计划，组长指导本组学生学习，检查项目进程和质量，制定改进措施，记录整理保存好各种检测技术文件，共同完成项目任务。

3. 活动时间

各组学生利用课余时间，自行组织完成。

4. 活动工具

图集、规范、计算器、铅笔、各种工具，检测仪器。

5. 活动评价

抹灰工程质量检测活动完成后，编写质检活动报告单，见表 3-12。

一般抹灰工程质量检验实践活动报告单　　表 3-12

<table>
<tr><td colspan="2">学习小组序号</td><td colspan="2"></td><td>组长</td><td colspan="2"></td><td>组员</td><td colspan="2"></td></tr>
<tr><td colspan="2">实习工程名称</td><td colspan="2"></td><td>分项工程名称</td><td colspan="5"></td></tr>
<tr><td colspan="2">检测验收部位</td><td colspan="8"></td></tr>
<tr><td colspan="4">施工执行标准名称及编号</td><td colspan="6"></td></tr>
<tr><td rowspan="5">主控项目</td><td colspan="5">质量验收规范规定</td><td colspan="3">小组检查评定记录</td><td>教师评定</td></tr>
<tr><td colspan="2">1.</td><td colspan="3"></td><td colspan="3"></td><td></td></tr>
<tr><td colspan="2">2.</td><td colspan="3"></td><td colspan="3"></td><td></td></tr>
<tr><td colspan="2">3.</td><td colspan="3"></td><td colspan="3"></td><td></td></tr>
<tr><td colspan="2">…</td><td colspan="3"></td><td colspan="3"></td><td></td></tr>
<tr><td rowspan="10">一般项目</td><td colspan="2">1.</td><td colspan="3"></td><td colspan="3"></td><td></td></tr>
<tr><td colspan="2">2.</td><td colspan="3"></td><td colspan="3"></td><td></td></tr>
<tr><td colspan="2">3.</td><td colspan="3"></td><td colspan="3"></td><td></td></tr>
<tr><td colspan="2">4.</td><td colspan="3"></td><td colspan="3"></td><td></td></tr>
<tr><td colspan="2">…</td><td colspan="3"></td><td colspan="3"></td><td></td></tr>
<tr><td colspan="2">检测项目</td><td colspan="3">允许偏差（mm）</td><td colspan="3">量差值</td><td></td></tr>
<tr><td colspan="2">1.</td><td colspan="3"></td><td colspan="3"></td><td></td></tr>
<tr><td colspan="2">2.</td><td colspan="3"></td><td colspan="3"></td><td></td></tr>
<tr><td colspan="2">3.</td><td colspan="3"></td><td colspan="3"></td><td></td></tr>
<tr><td colspan="2">…</td><td colspan="3"></td><td colspan="3"></td><td></td></tr>
<tr><td colspan="3">小组验收结论</td><td colspan="7">小组项目专业质量检查员：　　年 月 日</td></tr>
<tr><td colspan="3">教师验收结论</td><td colspan="7">教师：　　年 月 日</td></tr>
</table>

项目 4
门窗工程质量检测与验收

【项目概述】

本项目主要是对门窗工程子分部的质量要求、检查内容及检查方法，分项工程的划分，质量检验标准、检验批验收记录作出了明确的规定。门窗工程主要包括木门窗安装工程、金属门窗安装工程、塑料门窗安装工程、特种门安装工程、门窗玻璃安装工程等。

【学习目标】

通过本项目的学习，你将会：

1. 熟悉门窗的类型；
2. 掌握门窗工程的施工质量检测与验收规范；
3. 会运用相关检测仪器和工具对门窗工程质量进行现场检测与检验；
4. 会填写门窗工程质量检测与验收的相关技术文件，并进行管理、整理、归档等。

【项目任务】

某两层别墅装饰装修完工，门窗已安装完毕，可运用所掌握装饰装修质量检测标准与规范，对别墅所有门窗进行质量检测验收；在检测过程中正确运用简单的检测工具；并能记录好检测结果，根据检测数据文件对门窗的质量做出正确判断。

【学习支持】

1.《建筑装饰装修工程质量验收规范》GB 50210-2018；
2.《住宅室内装饰装修工程质量验收规范》JGJ/T 304-2013；
3.《住宅装饰装修工程施工规范》GB 50327-2001；
4.《建筑工程施工质量验收统一标准》GB 50300-2013；
5.《建筑玻璃应用技术规程》JGJ 113-2015。

【项目知识】

4.1 门窗工程一般规定

4.1.1 适用范围

本章适用于木门窗、金属门窗、塑料门窗和特种门安装，以及门窗玻璃安装等分项工程的质量验收。金属门窗包括钢门窗、铝合金门窗和涂色镀锌钢板门窗等；特种门包括自动门、全玻门和旋转门等；门窗玻璃包括平板、吸热、反射、中空、夹层、夹丝、磨砂、钢化、防火和压花玻璃等。常见门窗形式如图 4-1 所示。

图 4-1 常见门窗形式

4.1.2 各分项工程的检验批应按下列规定划分

（1）同一品种、类型和规格的木门窗、金属门窗、塑料门窗和门窗玻璃每 100 樘应划分为一个检验批，不足 100 樘也应划分为一个检验批；

（2）同一品种、类型和规格的特种门每 50 樘应划分为一个检验批，不足 50 樘也应划分为一个检验批。

4.1.3 检查数量应符合下列规定

（1）木门窗、金属门窗、塑料门窗和门窗玻璃每个检验批应至少抽查 5%，并不得少于 3 樘，不足 3 樘时应全数检查，高层建筑的外窗每个检验批应至少抽查 10%，并不得少于 6 樘，不足 6 樘时应全数检查；

（2）特种门每个检验批应至少抽查 50%，并不得少于 10 樘，不足 10 樘时应全数检查。

4.1.4 一般规定

（1）门窗工程验收时应检查下列文件和记录：

1）门窗工程的施工图、设计说明及其他设计文件；

2）材料的产品合格证书、性能检验报告、进场验收记录和复验报告，各种报告形式扫描二维码 4-1 可见。

二维码 4-1

3）特种门及其配件的生产许可文件；

4）隐蔽工程验收记录；

5）施工记录。

（2）门窗工程应对下列材料及其性能指标进行复验：

1）人造木板门的甲醛释放量；

2）建筑外窗的气密性能、水密性能和抗风压性能。

（3）门窗工程应对下列隐蔽工程项目进行验收：

1）预埋件和锚固件；

2）隐蔽部位的防腐和填嵌处理；

3）高层金属窗防雷连接节点。

（4）门窗安装前，应对门窗洞口尺寸及相邻洞口的位置偏差进行检验。同一类型和规格外门窗洞口垂直、水平方向的位置应对齐，位置允许偏差应符合下列规定：

1）垂直方向的相邻洞口位置允许偏差应为10mm，全楼高度小于30m的垂直方向洞口位置允许偏差应为15mm，全楼高度不小于30m的垂直方向洞口位置允许偏差应为20mm；

2）水平方向的相邻洞口位置允许偏差应为10mm，全楼长度小于30m的水平方向洞口位置允许偏差应为15mm，全楼长度不小于30m的水平方向洞口位置允许偏差应为20mm。

（5）金属门窗和塑料门窗安装应采用预留洞口的方法施工。

（6）木门窗与砖石砌体、混凝土或抹灰层接触处应进行防腐处理，埋入砌体或混凝土中的木砖应进行防腐处理。

（7）当金属窗或塑料窗为组合窗时，其拼樘料的尺寸、规格、壁厚应符合设计要求。

（8）建筑外门窗安装必须牢固。在砌体上安装门窗严禁采用射钉固定。

（9）推拉门窗扇必须牢固，必须安装防脱落装置。

（10）特种门安装除应符合设计要求外，还应符合国家现行标准的有关规定。

（11）门窗安全玻璃的使用应符合现行行业标准《建筑玻璃应用技术规程》JGJ 113的规定。

（12）建筑外窗口的防水和排水构造应符合设计要求和国家现行标准的有关规定。

4.2 木门窗安装工程质量检测与验收

4.2.1 主控项目

（1）木门窗的品种、类型、规格、尺寸、开启方向、安装位置、连接方式及性能应符合设计要求及国家现行标准的有关规定。

检验方法：观察；尺量检查；检查产品合格证书、性能检验报告、进场验收记录和复验报告；检查隐蔽工程验收记录，门扇上下口边缘、门窗安装配件如合页、门吸的安装检测如图4-2（a）、图4-2（b）所示。

（2）木门窗应采用烘干的木材，含水率及饰面质量应符合国家现行标准的有关规定。

检验方法：检查材料进场验收记录，复验报告及性能检验报告。

（3）木门窗的防火、防腐、防虫处理应符合设计要求。

检验方法：观察；检查材料进场验收记录。

（a）门扇上下口安装检测　　（b）门扇门吸安装检测

图 4-2　门扇上下口边缘、门窗安装配件安装检测

（4）木门窗框的安装应牢固。预埋木砖的防腐处理、木门窗框固定点的数量、位置和固定方法应符合设计要求。

检验方法：观察；手扳检查；检查隐蔽工程验收记录和施工记录。

（5）木门窗扇应安装牢固、开关灵活、关闭严密、无倒翘。

检验方法：观察；开启和关闭检查；手扳检查。检测情况如图 4-3 所示。

图 4-3　门扇变形门缝异常为不合格

（6）木门窗配件的型号、规格和数量应符合设计要求，安装应牢固，位置应正确，功能应满足使用要求。

检验方法：观察；开启和关闭检查；手扳检查。

4.2.2　一般项目

（1）木门窗表面应洁净，不得有刨痕和锤印。

检验方法：观察。

（2）木门窗的割角和拼缝应严密平整。门窗框、扇裁口应顺直，刨面应平整。

检验方法：观察。检测如图 4-4 所示。

图 4-4　门扇安装缝隙检测

（3）木门窗上的槽和孔应边缘整齐，无毛刺。

检验方法：观察。

（4）木门窗与墙体间的缝隙应填嵌饱满。严寒和寒冷地区外门窗（或门窗框）与砌体间的空隙应填充保温材料。

检验方法：轻敲门窗框检查；检查隐蔽工程验收记录和施工记录。

（5）木门窗批水、盖口条、压缝条和密封条安装应顺直，与门窗结合应牢固、严密。

检验方法：观察；手扳检查。

（6）平开木门窗安装的留缝限值、允许偏差和检验方法应符合表 4-1 的规定。

平开木门窗安装的留缝限值、允许偏差和检验方法　　表 4-1

项次	项目	留缝限值（mm）	允许偏差（mm）	检验方法
1	门窗框的正、侧面垂直度	—	2	用 1m 垂直检测尺检查
2	框与扇接缝高低差	—	1	用塞尺检查
	扇与扇接缝高低差		1	
3	门窗扇对口缝	1 ~ 4	—	用塞尺检查
4	工业厂房、围墙双扇大门对口缝	2 ~ 7	—	
5	门窗扇与上框间留缝	1 ~ 3	—	
6	门窗扇与合页侧框间留缝	1 ~ 3	—	
7	室外门扇与锁侧框间留缝	1 ~ 3	—	
8	门扇与下框间留缝	3 ~ 5	—	用塞尺检查
9	窗扇与下框间留缝	1 ~ 3	—	

续表

<table>
<tr><th>项次</th><th colspan="2">项目</th><th>留缝限值（mm）</th><th>允许偏差（mm）</th><th>检验方法</th></tr>
<tr><td>10</td><td colspan="2">双层门窗内外框间距</td><td>—</td><td>4</td><td>用钢直尺检查</td></tr>
<tr><td rowspan="5">11</td><td rowspan="5">无下框时门扇与地面间留缝</td><td>室外门</td><td>4 ~ 7</td><td>—</td><td rowspan="5">用钢直尺或塞尺检查</td></tr>
<tr><td>室内门</td><td rowspan="2">4 ~ 8</td><td rowspan="2">—</td></tr>
<tr><td>卫生间门</td></tr>
<tr><td>厂房大门</td><td rowspan="2">10 ~ 20</td><td rowspan="2">—</td></tr>
<tr><td>围墙大门</td></tr>
<tr><td rowspan="2">12</td><td rowspan="2">框与扇搭接宽度</td><td>门</td><td>—</td><td>2</td><td>用钢直尺检查</td></tr>
<tr><td>窗</td><td>—</td><td>1</td><td>用钢直尺检查</td></tr>
</table>

4.3 金属门窗安装工程质量检测与验收

金属门窗常见形式如图 4-5 所示。

图 4-5　常用金属门窗示例

4.3.1 主控项目

（1）金属门窗的品种、类型、规格、尺寸、性能、开启方向、安装位置、连接方式及门窗的型材壁厚应符合设计要求及国家现行标准的有关规定。金属门窗的防雷、防腐处理及填嵌、密封处理应符合设计要求。

检验方法：观察；尺量检查；检查产品合格证书、性能检验报告、进场验收记录和复验报告；检查隐蔽工程验收记录。检测情况如图 4-6 所示。

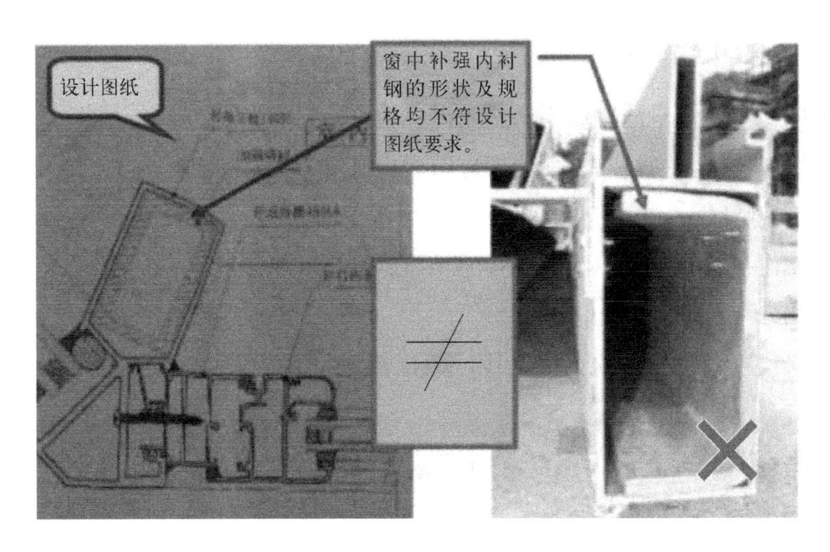

图 4-6 产品不符合设计要求

(2) 金属门窗框和附框的安装应牢固。预埋件及锚固件的数量、位置、埋设方式、与框的连接方式应符合设计要求。

检验方法：手扳检查；检查隐蔽工程验收记录。

(3) 金属门窗扇应安装牢固、开关灵活、关闭严密、无倒翘。推拉门窗扇应安装防止扇脱落的装置。

检验方法：观察；开启和关闭检查；手扳检查。

(4) 金属门窗配件的型号、规格、数量应符合设计要求，安装应牢固，位置应正确，功能应满足使用要求。

检验方法：观察；开启和关闭检查；手扳检查。检查情况如图 4-7 所示。

图 4-7 安装及启闭检测

4.3.2 一般项目

（1）金属门窗表面应洁净、平整、光滑、色泽一致，应无锈蚀、擦伤、划痕和碰伤。漆膜或保护层应连续。型材的表面处理应符合设计要求及国家现行标准的有关规定。

检验方法：观察。

（2）金属门窗推拉门窗扇开关力不应大于50N。

检验方法：用测力计检查。

（3）金属门窗框与墙体之间的缝隙应填嵌饱满，并应采用密封胶密封。密封胶表面应光滑、顺直、无裂纹。

检验方法：观察；轻敲门窗框检查；检查隐蔽工程验收记录。检查情况如图4-8所示。

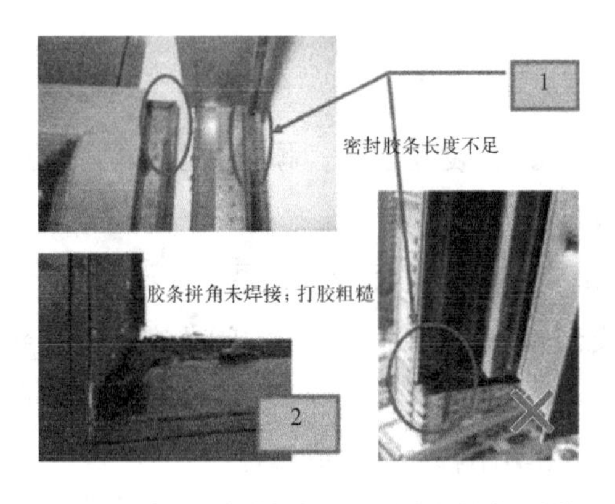

图4-8 密封胶条安装长度不足、胶条粗糙为不合格

（4）金属门窗扇的密封胶条或密封毛条装配应平整、完好，不得脱槽，交角处应平顺。

检验方法：观察；开启和关闭检查。

（5）排水孔应畅通，位置和数量应符合设计要求。

检验方法：观察。

（6）钢门窗安装的留缝限值、允许偏差和检验方法应符合表4-2的规定。

钢门窗安装的留缝限值、允许偏差和检验方法　　表4-2

项次	项目		留缝限值（mm）	允许偏差（mm）	检验方法
1	门窗槽口宽度、高度	≤1500mm	—	2	用钢卷尺检查
		＞1500mm	—	3	
2	门窗槽口对角线长度差	≤2000mm	—	3	用钢卷尺检查
		＞2000mm	—	4	

续表

项次	项目		留缝限值（mm）	允许偏差（mm）	检验方法
3	门窗框的正、侧面垂直度		—	3	用 1m 垂直检测尺检查
4	门窗横框的水平度		—	3	用 1m 水平尺和塞尺检查
5	门窗横框标高		—	5	用钢卷尺检查
6	门窗竖向偏离中心		—	4	用钢卷尺检查
7	双层门窗内外框间距			5	用钢卷尺检查
8	门窗框、扇配合间隙		≤ 2	—	用塞尺检查
9	平开门窗框扇搭接宽度	门	≥ 6	—	用钢直尺检查
		窗	≥ 4	—	用钢直尺检查
	推拉门窗框扇搭接宽度		≥ 6	—	用钢直尺检查
10	无下框时门扇与地面间留缝		4 ~ 8	—	用塞尺检查

（7）铝合金门窗安装的允许偏差和检验方法应符合表 4-3 的规定。

铝合金门窗安装的允许偏差和检验方法　　表 4-3

项次	项目		允许偏差（mm）	检验方法
1	门窗槽口宽度、高度	≤ 2000mm	2	用钢卷尺检查
		＞ 2000mm	3	
2	门窗槽口对角线长度差	≤ 2500mm	4	用钢卷尺检查
		＞ 2500mm	5	
3	门窗框的正、侧面垂直度		2	用 1m 垂直检测尺检查
4	门窗横框的水平度		2	用 1m 水平尺和塞尺检查
5	门窗横框标高		5	用钢卷尺检查
6	门窗竖向偏离中心		5	用钢卷尺检查
7	双层门窗内外框间距		4	用钢卷尺检查
8	推拉门窗扇与框搭接宽度	门	2	用钢直尺检查
		窗	1	

（8）涂色镀铸钢板门窗安装的允许偏差和检验方法应符合表 4-4 的规定。

涂色镀铸钢板门窗安装的允许偏差和检验方法　　表 4-4

项次	项目		允许偏差（mm）	检验方法
1	门窗槽口宽度、高度	≤ 1500mm	2	用钢卷尺检查
		＞ 1500mm	3	

续表

项次	项目		允许偏差（mm）	检验方法
2	门窗槽口对角线长度差	≤ 2000mm	4	用钢卷尺检查
		＞ 2000mm	5	
3	门窗框的正、侧面垂直度		3	用 1m 垂直检测尺检查
4	门窗横框的水平度		3	用 1m 水平尺和塞尺检查
5	门窗横框标高		5	用钢卷尺检查
6	门窗竖向偏离中心		5	用钢卷尺检查
7	双层门窗内外框间距		4	用钢卷尺检查
8	推拉门窗扇与框搭接宽度		2	用钢直尺检查

4.4 塑料门窗安装工程质量检测与验收

塑料门窗常见形式如图 4-9 所示。

图 4-9 常见塑料门窗形式

4.4.1 主控项目

（1）塑料门窗的品种、类型、规格、尺寸、性能、开启方向、安装位置、连接方式和填嵌密封处理应符合设计要求及国家现行标准的有关规定，内衬增强型钢的壁厚及设置应符合现行国家标准《建筑用塑料门》GB/T 28886 和《建筑用塑料窗》GB/T 28887 的规定。

检验方法：观察；尺量检查；检查产品合格证书、性能检验报告、进场验收记录和复验报告；检查隐蔽工程验收记录。

（2）塑料门窗框、附框和扇的安装应牢固。固定片或膨胀螺栓的数量与位置应正确，连接方式应符合设计要求。固定点应距窗角、中横框、中竖框 150 ~ 200mm，固定点间距不应大于 600mm。

检验方法：观察；手扳检查；尺量检查；检查隐蔽工程验收记录。

（3）塑料组合门窗使用的拼樘料截面尺寸及内衬增强型钢的形状和壁厚应符合设计要求。承受风荷载的拼樘料应采用与其内腔紧密吻合的增强型钢作为内衬，其两端应与洞口固定牢固。窗框应与拼樘料连接紧密，固定点间距不应大于600mm。

检验方法：观察；手扳检查；尺量检查；吸铁石检查；检查进场验收记录。

（4）窗框与洞口之间的伸缩缝内应采用聚氨酯发泡胶填充，发泡胶填充应均匀、密实。发泡胶成型后不宜切割。表面应采用密封胶密封。密封胶应粘结牢固，表面应光滑、顺直、无裂纹。

检验方法：观察；检查隐蔽工程验收记录。检测情况如图4-10所示。

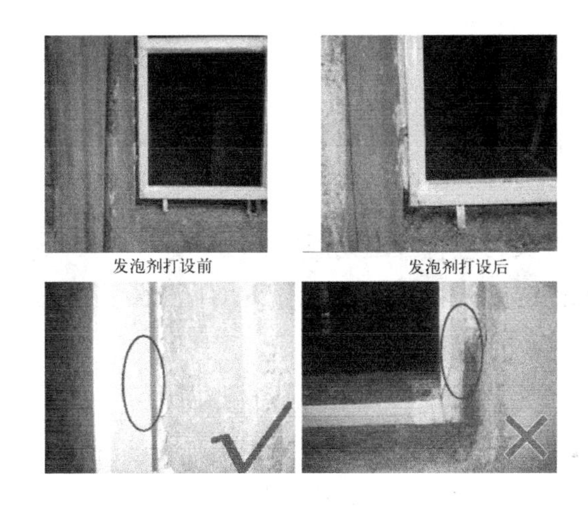

图4-10　发泡胶填充情况检测

（5）滑撑铰链的安装应牢固，紧固螺钉应使用不锈钢材质。螺钉与框扇连接处应进行防水密封处理。

检验方法：观察；手扳检查；检查隐蔽工程验收记录。检测情况如图4-11所示。

图4-11　紧固螺钉等材料使用不规范为不合格

（6）推拉门窗扇应安装防止扇脱落的装置。

检验方法：观察。

（7）门窗扇关闭应严密，开关应灵活。

检验方法：观察；尺量检查；开启和关闭检查。

（8）塑料门窗配件的型号、规格和数量应符合设计要求，安装应牢固，位置应正确，使用应灵活，功能应满足各自使用要求。平开窗扇高度大于900mm时，窗扇锁闭点不应少于2个。

检验方法：观察；手扳检查；尺量检查。

4.4.2 一般项目

（1）安装后的门窗关闭时，密封面上的密封条应处于压缩状态，密封层数应符合设计要求。密封条应连续完整，装配后应均匀、牢固，应无脱槽、收缩和虚压等现象；密封条接口应严密，且应位于窗的上方。

检验方法：观察。

（2）塑料门窗扇的开关力应符合下列规定：

1）平开门窗扇平铰链的开关力不应大于80N；滑撑铰链的开关力不应大于80N，并不应小于30N；

2）推拉门窗扇的开关力不应大于100N。

检验方法：观察；用测力计检查。

（3）门窗表面应洁净、平整、光滑，颜色应均匀一致。可视面应无划痕、碰伤等缺陷，门窗不得有焊角开裂和型材断裂等现象。

检验方法：观察。检测情况如图4-12所示。

图4-12 门窗焊角开裂为不合格

（4）旋转窗间隙应均匀。

检验方法：观察。

(5) 排水孔应畅通，位置和数量应符合设计要求。

检验方法：观察。

(6) 塑料门窗安装的允许偏差和检验方法应符合表 4-5 的规定。

塑料门窗安装的允许偏差和检验方法　　表 4-5

项次	项目		允许偏差（mm）	检验方法
1	门、窗框外形（高、宽）尺寸长度差	≤ 1500mm	2	用钢卷尺检查
		＞ 1500mm	3	
2	门、窗框两对角线长度差	≤ 2000mm	3	用钢卷尺检查
		＞ 2000mm	5	
3	门、窗框（含拼樘料）正、侧面垂直度		3	用 1m 垂直检测尺检查
4	门、窗框（含拼樘料）水平度		3	用 1m 水平尺和塞尺检查
5	门、窗下横框的标高		5	用钢卷尺检查，与基准线比较
6	门、窗竖向偏离中心		5	用钢卷尺检查
7	双层门、窗内外框间距		4	用钢卷尺检查
8	平开门窗及上悬、下悬、中悬窗	门、窗扇与框搭接宽度	2	用深度尺或钢直尺检查
		同樘门、窗相邻扇的水平高度差	2	用靠尺和钢直尺检查
		门、窗框扇四周的配合间隙	1	用楔形塞尺检查
9	推拉门窗	门、窗扇与框搭接宽度	2	用深度尺或钢直尺检查
		门、窗扇与框或相邻扇立边平行度	2	用钢直尺检查
10	组合门窗	平整度	3	用 2m 靠尺和钢直尺检查
		缝直线度	3	用 2m 靠尺和钢直尺检查

4.5 特种门窗安装工程质量检测与验收

特种门窗常见形式如图 4-13 所示。

图 4-13　常见特种门窗形式

4.5.1 主控项目

（1）特种门的质量和性能应符合设计要求。

检验方法：检查生产许可证、产品合格证书和性能检验报告。

（2）特种门的品种、类型、规格、尺寸、开启方向、安装位置和防腐处理应符合设计要求及国家现行标准的有关规定。

检验方法：观察；尺量检查；检查进场验收记录和隐蔽工程验收记录。

（3）带有机械装置、自动装置或智能化装置的特种门，其机械装置、自动装置或智能化装置的功能应符合设计要求。

检验方法：启动机械装置、自动装置或智能化装置，观察。

（4）特种门的安装应牢固。预埋件及锚固件的数量、位置、埋设方式、与框的连接方式应符合设计要求。

检验方法：观察；手扳检查；检查隐蔽工程验收记录。

（5）特种门的配件应齐全，位置应正确，安装应牢固，功能应满足使用要求和特种门的性能要求。

检验方法：观察；手扳检查；检查产品合格证书、性能检验报告和进场验收记录。

4.5.2 一般项目

（1）特种门的表面装饰应符合设计要求。

检验方法：观察。

（2）特种门的表面应洁净，应无划痕和碰伤。

检验方法：观察。

（3）推拉自动门的感应时间限值和检验方法应符合表 4-6 的规定。

推拉自动门的感应时间限值和检验方法 表 4-6

项次	项目	感应时间限值（s）	检验方法
1	开门响应时间	≤ 0.5	用秒表检查
2	堵门保护延时	16 ~ 20	用秒表检查
3	门扇全开启后保持时间	13 ~ 17	用秒表检查

（4）人行自动门活动扇在启闭过程中对所要求保护的部位应留有安全间隙。安全间隙应小于 8mm 或大于 25mm。

检验方法：用钢直尺检查。

（5）自动门安装的允许偏差和检验方法应符合表 4-7 的规定。

自动门安装的允许偏差和检验方法　　表 4-7

项次	项目	允许偏差（mm）				检验方法
		推拉自动门	平开自动门	折叠自动门	旋转自动门	
1	上框、平梁水平度	1	1	1	—	用 1m 水平尺和塞尺检查
2	上框、平梁直线度	2	2	2	—	用钢直尺和塞尺检查
3	立框垂直度	1	1	1	1	用 1m 垂直检测尺检查
4	导轨和平梁平行度	2	—	2	2	用钢直尺检查
5	门框固定扇内侧对角线尺寸	2	2	2	2	用钢卷尺检查
6	活动扇与框、横梁、固定扇间隙差	1	1	1	1	用钢直尺检查
7	板材对接接缝平整度	0.3	0.3	0.3	0.3	用 2m 靠尺和塞尺检查

（6）自动门切断电源，应能手动开启，开启力和检验方法应符合表 4-8 的规定。

自动门手动开启力和检验方法　　表 4-8

项次	门的启闭方式	手动开启力（N）	检验方法
1	推拉自动门	≤ 100	用测力计检查
2	平开自动门	≤ 100（门扇边梃着力点）	
3	折叠自动门	≤ 100（垂直于门扇折叠处铰链推拉）	
4	旋转自动门	150 ~ 300（门扇边梃着力点）	

注：1. 推拉自动门和平开自动门为双扇时，于动开启力仅为单扇的测值；
2. 平开自动门在没有风力情况测定；
3. 重叠推拉着力点在门扇前、侧结合部的门扇边缘。

4.6　门窗玻璃安装工程质量检测与验收

门窗玻璃常见形式如图 4-14 所示。

图 4-14　常见门窗玻璃形式

4.6.1 主控项目

（1）玻璃的层数、品种、规格、尺寸、色彩、图案和涂膜朝向应符合设计要求。

检验方法：观察；检查产品合格证书、性能检验报告和进场验收记录。

（2）门窗玻璃裁割尺寸应正确。安装后的玻璃应牢固，不得有裂纹、损伤和松动。

检验方法：观察；轻敲检查。

（3）玻璃的安装方法应符合设计要求。固定玻璃的钉子或钢丝卡的数量、规格应保证玻璃安装牢固。

检验方法：观察；检查施工记录。

（4）镶钉木压条接触玻璃处应与裁口边缘平齐。木压条应互相紧密连接，并应与裁口边缘紧贴，割角应整齐。

检验方法：观察。

（5）密封条与玻璃、玻璃槽口的接触应紧密、平整。密封胶与玻璃、玻璃槽口的边缘应粘结牢固、接缝平齐。

检验方法：观察。检查情况如图 4-15 所示。

图 4-15　密封条安装情况检测

（6）带密封条的玻璃压条，其密封条应与玻璃贴紧，压条与型材之间应无明显缝隙。

检验方法：观察；尺量检查。

4.6.2 一般项目

（1）玻璃表面应洁净，不得有腻子、密封胶和涂料等污渍。中空玻璃内外表面均应洁净，玻璃中空层内不得有灰尘和水蒸气。门窗玻璃不应直接接触型材。

检验方法：观察。检测情况如图 4-16 所示。

图 4-16　玻璃中空层起雾、结露为不合格

（2）腻子及密封胶应填抹饱满、粘结牢固；腻子及密封胶边缘与裁口应平齐。固定玻璃的卡子不应在腻子表面显露。

检验方法：观察。

（3）密封条不得卷边、脱槽，密封条接缝应粘接。

检验方法：观察。

【项目实施】

项目任务：检测教学楼大厅金属门窗安装质量及教室木门窗的安装质量。

1. 任务分配

劳动组织形式：在项目任务实施中，学生 4 ~ 5 人为一个工作小组，选出组长一名，采用组长负责制，负责分配任务、与组员一起制定项目实施方案，并协助教师在项目实施过程中指导学生，检查督促任务进展及质量，有问题与组员一起商讨解决，并及时汇报教师，组长安排一名学生资料员，负责记录整理和及时上交本组任务相关资料的工作。项目任务分配表扫描二维码 1 可见。

二维码 1

2. 任务准备

（1）项目任务检测前，认真熟悉门窗工程质量检测的相关规定；

（2）熟悉施工项目的图纸；

（3）正确使用经过校验合格的检测和测量工具；

（4）准备好门窗工程验批质量验收记录表等技术文件表格；

（5）项目任务完成后，清点工具并归还实训中心仓库管理教师，填写工具设备使用情况，清理场地搞好卫生。

3. 检测实施

木门窗工程及金属门窗工程的质量检测分主控项目和一般项目，检测内容、抽查数量和方法如下：

（1）主控项目

木门窗工程的主控项目质量检测主要按照《建筑装饰装修工程质量验收标准》GB 50210-2018，6.2.1 ~ 6.2.6 条规定；金属门窗工程按照 6.3.1 ~ 6.3.4 条规定；门窗工程的质量检测所用检测工具的正确使用及操作方法详见项目 2——装饰工程质量检测与验收常用工具仪器及使用。

（2）一般项目

木门窗工程的一般项目主要按照《建筑装饰装修工程质量验收标准》GB 50210-2018，6.2.7 ~ 6.2.12 条的规定；装饰抹灰工程按照 6.3.5 ~ 6.3.12 条的规定；门窗工程的质量检测所用检测工具的正确使用及操作方法，详见项目 2——装饰工程质量检测与验收常用工具仪器及使用。

4. 填写门窗工程检验批质量检测记录表

项目检测完成后填写完成门窗工程检验批质量验收记录表，记录表扫描二维码 4-2 可见，检验批表格的填写内容和方法可参见项目 3——抹灰工程质量检测与验收中相关内容。

二维码 4-2

5. 项目评价

对门窗工程质量检测项目任务，结合任务实施过程，按时间、质量、安全、文明环保评分，先自评，在自评的基础上，由本组的同学互评，最后由教师进进行总结评分。

根据考核结果填写项目实践任务考核评价表，（扫描二维码 2 可见）内容可参见项目 3——抹灰工程质量检测与验收中表 3-11 的格式和内容。

二维码 2

学生资料员负责记录、计算、填写技术文件，做好相关记录，并妥善保存管理好各类技术文件，按规范要求归档或者移交给相关人员和部门，以共同顺利完成项目任务。

【知识拓展】

1. 门的开启方式

（1）平开门：是最为常用的一种门，又分为内开和外开两种。

（2）推拉门：是指门扇被沿宽度方向左右推拉移动实现开关的门，开合过程中占用空间小。

（3）转门：是指以门扇中心线为轴旋转实现开关的门。多用于宾馆、酒店等场所。

（4）折叠门：折叠门是指开启过程门扇能够折叠的门。

（5）卷帘门：卷帘门是以多关节活动的门片串联在一起，在固定的滑道内，以门上方卷轴为中心转动上下的门。卷帘门通常被广泛运用于店铺。门的开启形式如图 4-17 所示。

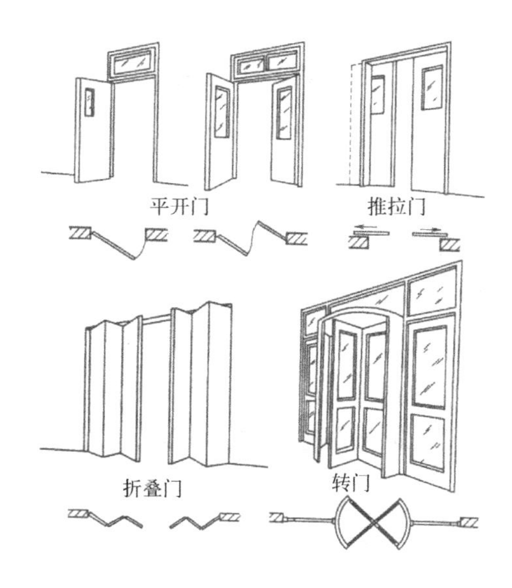

图 4-17　门的开启方式

2. 窗的开启方式

（1）平开窗：指窗扇向内或向外水平开启的窗。

（2）固定窗：指没有活动窗扇的窗。

（3）推拉窗：是指窗扇上下或左右推拉开启的窗。可分为水平推拉窗和垂直推拉窗两种。

（4）转窗：指窗扇绕水平或垂直轴旋转实现开启的窗。

（5）百叶窗。

（6）悬窗：悬窗是指沿水平轴开启的窗。根据铰链和转轴位置的不同，分为上悬窗、下悬窗、中悬窗。

（7）平开—悬窗：即可平开又可上悬或下悬。窗的开启行法如图 4-18 所示。

图 4-18　窗的开启形式

3. 木门窗玻璃安装施工要点

（1）玻璃安装前应检查框内尺寸、将裁口内的污垢清除干净。

（2）安装长边大于 1.5m 或短边大于 1m 的玻璃，应用橡胶垫并用压条和螺钉固定。

（3）安装木框、扇玻璃，可用钉子固定，钉距不得大于 300mm，且每边不少于两个；用木压条固定时，应先刷底油后安装，并不得将玻璃压得过紧。

（4）安装玻璃隔墙时，玻璃在上框面应留有适量缝隙，防止木框变形，损坏玻璃。

（5）使用密封膏时，接缝处的表面应清洁、干燥。

【能力测试】

知识题作业（答案见二维码 4-3）

二维码 4-3

1. 填空题

1.1 高层建筑的外窗每个检验批应至少抽查（　　），并不得少于 6 樘，不足 6 樘时应全数检查；

1.2 特种门每个检验批应至少抽查（　　），并不得少于 10 樘，不足 10 樘时应全数检查。

1.3 金属门窗推拉门窗扇开关力不应大于（　）N。

1.4 推拉自动门的开门响应时间应（　　）秒。

实践活动作业

1. 活动任务

校内全玻璃门安装质量检测

学生利用课余时间，以小组为单位，采取小组组长负责，分配任务，安排人员，做好以上实践活动的检测任务，并给出检测结果。

2. 活动组织

活动实施中，对学生进行分组，学生 4 ～ 5 人组成一个工作小组，组长对每名组员进行任务分配。各小组制定出实施方案及工作计划，组长指导本组学生学习，依据检测验收规范，运用相应的检测工具，检查项目质量；对于存在质量问题的项目及部位，制定出改进措施和方法。指定专人填写、记录、整理、保存好各种检测技术文件，共同完成项目任务。

3. 活动时间

在各项目学习完成后，各组学生根据课余时间，及时自行组织完成。

4. 活动工具

图集、规范、计算器、铅笔、各种检测工具。

5. 活动评价

质量检测完成后，填写质检报告单，扫描二维码 3 可见，格式及内容可参见项目 3《抹灰工程质量检测与验收》表 3-12 抹灰工程质量检测实践活动报告单。

二维码 3

项目 5
吊顶工程质量检测与验收

【项目概述】

本项目主要介绍吊顶工程的质量要求、检查内容及检测方法；对各分项工程的划分，质量检验标准、检验批验收记录做出了明确规定；针对实际的吊顶工程项目进行质量检测与验收，填写检验记录单。

【学习目标】

通过本项目的学习，你将能够：

1. 熟悉吊顶的装饰类型；
2. 掌握吊顶工程的施工质量检测与验收规范；
3. 会运用相关检测仪器和工具对吊顶工程质量进行现场检测与检验；
4. 会填写吊顶工程质量检测与验收的相关技术文件，并进行管理、整理、归档等。

【项目描述】

某公司装饰装修工程，根据设计方案，在不同空间的吊顶进行整体面层吊顶、板块面层吊顶、格栅吊顶的施工，完工后需要对工程质量进行检验和验收。根据《建筑装饰装修工程质量验收标准》GB 50210-2018 及《住宅室内装饰装修工程质量验收规范》JGJ/T 304-2013 等规范要求，对各种吊顶的适用范围、主控项目、一般项目中的外观质量、允许偏差等进行验收和检测。

【学习支持】

1.《建筑装饰装修工程质量验收标准》GB 50210-2018；
2.《住宅室内装饰装修工程质量验收规范》JGJ/T 304-2013；
3.《建筑内部装修设计防火规范》GB 50222；
4.《建筑设计防火规范》GB 50016。

【项目知识】

5.1 吊顶工程的一般规定

5.1.1 适用范围

适用于整体面层吊顶、板块面层吊顶和格栅吊顶等分项工程的质量验收。整体面层吊顶包括以轻钢龙骨、铝合金龙骨和木龙骨等为骨架，以石膏板、水泥纤维板和木板等为整体面层的吊顶；板块面层吊顶包括以轻钢龙骨、铝合金龙骨和木龙骨等为骨架，以石膏板、金属板、矿棉板、木板、塑料板、玻璃板和复合板等为板块面层的吊顶；格栅吊顶包括以轻钢龙骨、铝合金龙骨和木龙骨等为骨架，以金属、木材、塑料和复合材料等为格栅面层的吊顶。各类吊顶形式如图 5-1（a）、图 5-1（b）、图 5-1（c）所示。

（a） 常见整体面层吊顶形式

图 5-1 各类吊顶形式（1）

(b) 常见板块吊顶形式

(c) 常见搁栅吊顶形式

图 5-1 各类吊顶形式（2）

5.1.2 一般规定

(1) 吊顶工程验收时应检查下列文件和记录：

1) 吊顶工程的施工图、设计说明及其他设计文件；

2) 材料的产品合格证书、性能检验报告、进场验收记录和复验报告；

3) 隐蔽工程验收记录；

4) 施工记录。

(2) 吊顶工程应对人造木板的甲醛释放量进行复验。

(3) 吊顶工程应对下列隐蔽工程项目进行验收：

1) 吊顶内管道、设备的安装及水管试压、风管严密性检验；检测管道合格与否情况如图 5-2 (a)、图 5-2 (b)、图 5-2 (c) 所示。

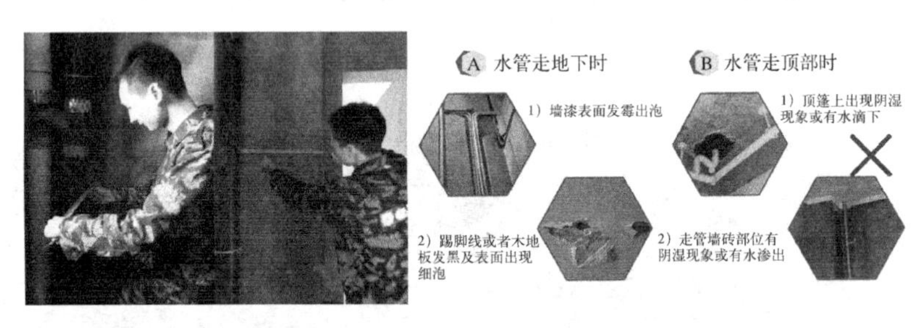

(a) 水管、管道位置检测　　(b) 验收时管道处理情况检测

(c) 封闭水管打压试验检测

图 5-2 对各类隐蔽工程项目检测

2）木龙骨防火、防腐处理；木龙骨做防腐处理，如图5-3所示。

图5-3　木龙骨防腐处理检测

3）埋件。

4）吊杆安装。

5）龙骨安装；吊杆、龙骨安装的检测验收如图5-4所示。

图5-4　吊筋、龙骨的检测验收

6）填充材料的设置。

7）反支撑及钢结构转换层。形式检测如图5-5所示。

图 5-5　反支撑及钢结构转换层检测

（4）同一品种的吊顶工程每 50 间应划分为一个检验批，不足 50 间也应划分为一个检验批，大面积房间和走廊可按吊顶面积 30m^2 计为 1 间。

（5）每个检验批应至少抽查 10%，并不得少于 3 间，不足 3 间时应全数检查。

（6）安装龙骨前，应按设计要求对房间净高、洞口标高和吊顶内管道、设备及其支架的标高进行交接检验。

（7）吊顶工程的木龙骨和木面板应进行防火处理，并应符合有关设计防火标准的规定。

（8）吊顶工程中的埋件、钢筋吊杆和型钢吊杆应进行防腐处理。

（9）安装面板前应完成吊顶内管道和设备的调试及验收。

（10）吊杆距主龙骨端部距离不得大于 300mm。当吊杆长度大于 1500mm 时，应设置反支撑。当吊杆与设备相遇时，应调整并增设吊杆或采用型钢支架。

（11）重型设备和有振动荷载的设备严禁安装在吊顶工程的龙骨上。

（12）吊顶埋件与吊杆的连接、吊杆与龙骨的连接、龙骨与面板的连接应安全可靠。

（13）吊杆上部为网架、钢屋架或吊杆长度大于 2500mm 时，应设有钢结构转换层。

（14）大面积或狭长形吊顶面层的伸缩缝及分格缝应符合设计要求。

5.2　整体面层吊顶工程质量检测与验收

整体面层吊顶如图 5-6 所示。

图 5-6　整体面层吊顶造型示例

5.2.1　主控项目

（1）吊顶标高、尺寸、起拱和造型应符合设计要求。

检验方法：观察；尺量检查。用放线仪检测龙骨起拱情况如图 5-7 所示。

图 5-7　用放线仪检测龙骨起拱情况

（2）面层材料的材质、品种、规格、图案、颜色和性能应符合设计要求及国家现行标准的有关规定。

检验方法：观察；检查产品合格证书、性能检验报告、进场验收记录和复验报告。扫描二维码 5-1 可见某公司吊顶材料复验的相关文件。

二维码 5-1

（3）整体面层吊顶工程的吊杆、龙骨和面板的安装应牢固。

检验方法：观察；手扳检查；检查隐蔽工程验收记录和施工记录。扫描二维码 5-2 可见某工程隐蔽工程复验记录单。

二维码 5-2

（4）吊杆和龙骨的材质、规格、安装间距及连接方式应符合设计要求。金属吊杆和龙骨应经过表面防腐处理；木龙骨应进行防腐、防火处理。

检验方法：观察；尺量检查；检查产品合格证书、性能检验报告、进场验收记录和隐蔽工程验收记录。

（5）石膏板、水泥纤维板的接缝应按其施工工艺标准进行板缝防裂处理。安装双层板时，面层板与基层板的接缝应错开，并不得在同一根龙骨上接缝。

检验方法：观察。具体检测操作如图 5-8 所示。

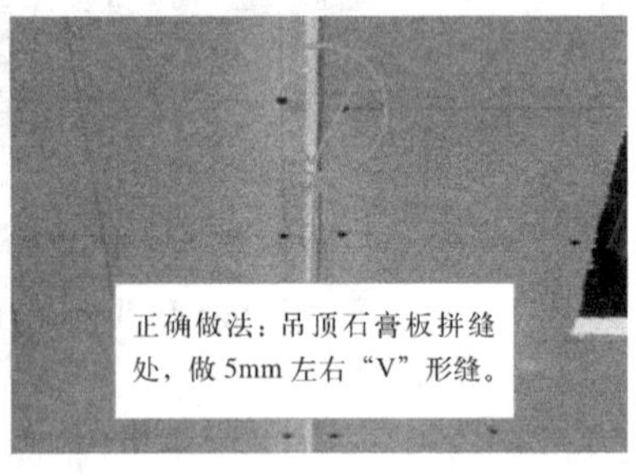

图 5-8　吊顶石膏板接缝检测

5.2.2　一般项目

（1）面层材料表面应洁净、色泽一致，不得有翘曲、裂缝及缺损。压条应平直、宽窄一致。

检验方法：观察；尺量检查。

（2）面板上的灯具、烟感器、喷淋头、风口篦子和检修口等设备设施的位置应合理、美观，与面板的交接应吻合、严密。

检验方法：观察。面板灯具安装情况质量检测如图 5-9 所示；灯具、喷淋等其他设施安装质量检测如图 5-10 所示。

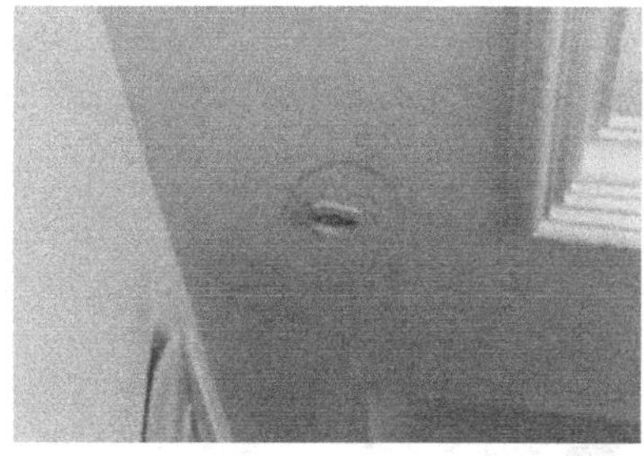

图 5-9　灯具安装情况质量检测

灯具、喷淋与装修效果协调、美观

灯具、喷淋、探头成排居中布设

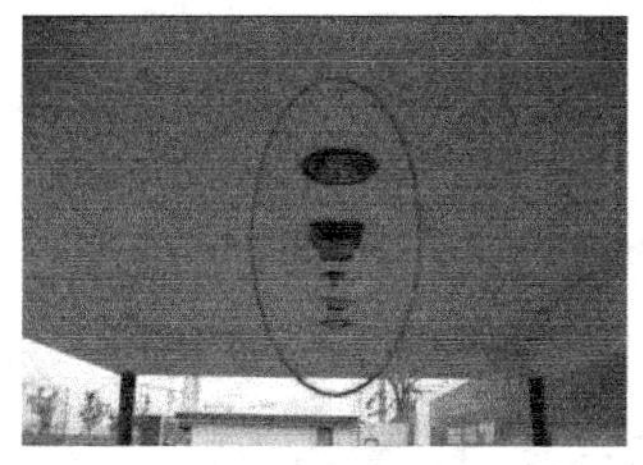

灯具、喷淋与装修效果协调、美观

器具单独成排居中布设

图 5-10　观察灯具、烟感器、喷淋头、风口箅子等设备设施的位置检测

（3）金属龙骨的接缝应均匀一致，角缝应吻合，表面应平整，应无翘曲和锤印。木质龙骨应顺直，应无劈裂和变形。

检验方法：检查隐蔽工程验收记录和施工记录。

（4）吊顶内填充吸声材料的品种和铺设厚度应符合设计要求，并应有防散落措施。

检验方法：检查隐蔽工程验收记录和施工记录。

（5）整体面层吊顶工程安装的允许偏差和检验方法应符合表 5-1 的规定。

整体面层吊顶工程安装的允许偏差和检验方法　　表 5-1

项次	项目	允许偏差（mm）	检验方法
1	表面平整度	3	用 2m 靠尺和塞尺检查
2	缝格、凹槽直线度	3	拉 5m 线，不足 5m 拉通线，用钢直尺检查

整体吊顶表面平整度检测操作方法如图 5-11 所示。

图 5-11　用拉通靠尺及塞尺线检测吊顶表面平整度

5.3　板块面层吊顶工程质量检测与验收

板块面层吊顶形式如图 5-12 所示。

图 5-12　板块面层吊顶形式

5.3.1　主控项目

（1）吊顶标高、尺寸、起拱和造型应符合设计要求。

检验方法：观察；尺量检查。

（2）面层材料的材质、品种、规格、图案、颜色和性能应符合设计要求及国家现行标准的有关规定。当面层材料为玻璃板时，应使用安全玻璃并采取可靠的安全措施。

检验方法：观察；检查产品合格证书、性能检验报告、进场验收记录和复验报告。材料要求如图 5-13 所示。

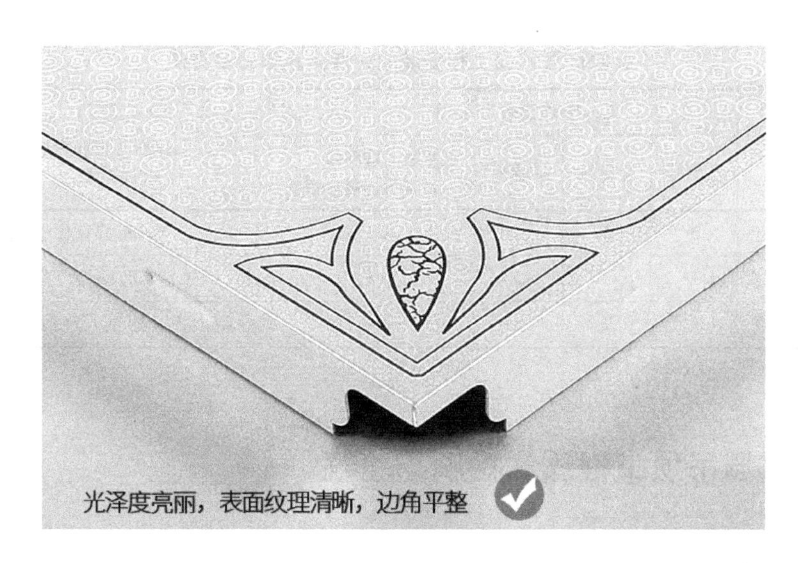

图 5-13　观察铝扣板的图案 / 颜色

（3）面板的安装应稳固严密。面板与龙骨的搭接宽度应大于龙骨受力面宽度的 2/3。

检验方法：观察；手扳检查；尺量检查。

（4）吊杆和龙骨的材质、规格、安装间距及连接方式应符合设计要求。金属吊杆和龙骨应进行表面防腐处理；木龙骨应进行防腐、防火处理。

检验方法：观察；尺量检查；检查产品合格证书、性能检验报告、进场验收记录和隐蔽工程验收记录。

（5）板块面层吊顶工程的吊杆和龙骨安装应牢固。

检验方法：手扳检查；检查隐蔽工程验收记录和施工记录。

5.3.2　一般项目

（1）面层材料表面应洁净、色泽一致，不得有翘曲、裂缝及缺损。面板与龙骨的搭接应平整、吻合，压条应平直、宽窄一致。

检验方法：观察；尺量检查。

（2）面板上的灯具、烟感器、喷淋头、风口篦子和检修口等设备设施的位置应合理、美观，与面板的交接应吻合、严密。

检验方法：观察。

（3）金属龙骨的接缝应平整、吻合、颜色一致，不得有划伤和擦伤等表面缺陷。木质龙骨应平整、顺直，应无劈裂。

检验方法：观察。

（4）吊顶内填充吸声材料的品种和铺设厚度应符合设计要求，并应有防散落措施。

检验方法：检查隐蔽工程验收记录和施工记录。

（5）板块面层吊顶工程安装的允许偏差和检验方法应符合表 5-2 的规定。

板块面层吊顶工程安装的允许偏差和检验方法　　表 5-2

项次	项目	允许偏差（mm）				检验方法
		石膏板	金属板	矿棉板	木板、塑料板、玻璃板、复合板	
1	表面平整度	3	2	3	2	用 2m 靠尺和塞尺检查
2	接缝直线度	3	2	3	3	拉 5m 线，不足 5m 拉通线，用钢直尺检查
3	接缝高低差	1	1	2	1	用钢直尺和塞尺检查

5.4　格栅吊顶工程质量检测与验收

5.4.1　主控项目

（1）吊顶标高、尺寸、起拱和造型应符合设计要求。

检验方法：观察；尺量检查。

（2）格栅的材质、品种、规格、图案、颜色和性能应符合设计要求及国家现行标准的有关规定。

检验方法：观察；检查产品合格证书、性能检验报告、进场验收记录和复验报告。

（3）吊杆和龙骨的材质、规格、安装间距及连接方式应符合设计要求。金属吊杆和龙骨应进行表面防腐处理；木龙骨应进行防腐、防火处理。

检验方法：观察；尺量检查；检查产品合格证书、性能检验报告、进场验收记录和隐蔽工程验收记录。

（4）格栅吊顶工程的吊杆、龙骨和格栅的安装应牢固。

检验方法：观察；手扳检查；检查隐蔽工程验收记录和施工记录。

5.4.2　一般项目

（1）格栅表面应洁净、色泽一致，不得有翘曲、裂缝及缺损。栅条角度应一致，边缘应整齐，接口应无错位。压条应平直、宽窄一致。

检验方法：观察；尺量检查。

（2）吊顶的灯具、烟感器、喷淋头、风口篦子和检修口等设备设施的位置应合理、美观，与格栅的套割交接处应吻合、严密。

检验方法：观察。

（3）金属龙骨的接缝应平整、吻合、颜色一致，不得有划伤和擦伤等表面缺陷。木质龙骨应平整、顺直，应无劈裂。

检验方法：观察。

（4）吊顶内填充吸声材料的品种和铺设厚度应符合设计要求，并应有防散落措施。

检验方法：观察；检查隐蔽工程验收记录和施工记录。

（5）格栅吊顶内楼板、管线设备等表面处理应符合设计要求，吊顶内各种设备管线布置应合理、美观。

检验方法：观察。

（6）格栅吊顶工程安装的允许偏差和检验方法应符合表5-3的规定。

格栅吊顶工程安装的允许偏差和检验方法　　表5-3

项次	项目	允许偏差（mm）		检验方法
		金属格栅	木格栅、塑料格栅、复合材料格栅	
1	表面平整度	2	3	用2m靠尺和塞尺检查
2	格栅直线度	2	3	拉5m线，不足5m拉通线，用钢直尺检查

【项目实施】

根据施工图，可知本工程吊顶装修类型，根据设计说明中施工要求，布置此工程吊顶质量检测项目任务。（扫描二维码5-3可见施工图纸）

二维码5-3

1. 任务分配

根据施工图纸，本工程吊顶有整体吊顶、板块吊顶及搁栅吊顶等，根据设计说明中对吊顶的要求，进行此工程整体吊顶、板块吊顶及搁栅吊顶质量检测项目任务。

劳动组织形式：学生4～5人为一个工作小组，采用组长负责制，负责分配任务、制定项目实施方案，并协助教师在项目实施过程中指导学生，检查督促任务进展及质量，有问题与组员一起商讨解决，并及时汇报教师，以共同顺利完成项目任务。组长安排一名资料员，负责记录整理和及时上交本组任务相关资料的工作。扫描二维码1可见项目任务分配表。

二维码 1

2. 任务准备

（1）项目任务检测前，认真熟悉吊顶工程质量检测的相关规定；

（2）熟悉施工项目的图纸；

（3）正确使用经过校验合格的检测和测量工具；

（4）准备好吊顶工程验批质量验收记录表等技术文件表格；

（5）项目任务完成后，清点工具并归还实训中心仓库管理教师，填写工具设备使用情况，清理场地搞好卫生。

3. 检测实施

整体面层吊顶、板块面层吊顶及搁栅吊顶工程的质量检测分主控项目和一般项目，检测内容、抽查数量和方法如下：

（1）主控项目

整体面层吊顶的主控项目质量检测主要按照《建筑装饰装修工程质量验收标准》GB 50210-2018，7.2.1 ~ 7.2.5 条规定；板块面层吊顶按照 7.3.1 ~ 7.3.5 条规定；搁栅吊顶按照 7.4.1 ~ 7.4.4 条规定，抹灰工程的质量检测所用检测工具的正确使用及操作方法详见项目 2——装饰工程质量检测与验收常用工具仪器及使用。

（2）一般项目

整体面层吊顶的一般项目主要按照《建筑装饰装修工程质量验收标准》GB 50210-2018，7.2.6 ~ 7.2.10 条的规定；板块面层吊顶按照 7.3.6 ~ 7.3.10 条的规定；搁栅吊顶工程按照 7.4.5 ~ 7.4.10 条的规定；抹灰工程的质量检测所用检测工具的正确使用及操作方法，详见项目 2——装饰工程质量检测与验收常用工具仪器及使用。

4. 填写吊顶工程检验批质量验收记录表

项目任务检测完成后，填写《吊顶工程检验批质量验收记录》，记录表扫描二维码 5-4 可见。

二维码 5-4

记录表的填写方法详见项目 3——抹灰工程质量检测与验收中相关内容。

学生资料员负责填写、记录检测表格文件，并做好资料文件的保存管理工作。

5. 项目评价

在上述任务实施中，按时间、质量、安全、文明环保评分，先自评，在自评的基础上，由本组的同学互评，最后由教师进进行总结评分。

项目任务完成后填写项目实践任务考核评价表，（扫描二维码 2 可见）评价表可参见项目 3——抹灰工程质量检测与验收表 3-11 内容及格式。

二维码 2

【项目拓展】

有关吊顶的基础知识

1．什么是集成吊顶？

答：将取暖、排风、照明、吊顶组合通过全新设计，让传统的铝扣板增强了艺术内涵，提高了厨卫铝方通吊顶的实际功能价值。

2．吊顶一般距离顶棚有多高距离为好？

答：只要能有效隐遮住上面的管线、安放电器等设备，吊顶尽量吊高一些，把更多的空间留给室内（注：吊顶离顶棚的最低距离为 5 ~ 10cm，仅供参考）。

3. 吊顶和橱柜谁先装？

答：一般是先做铝扣板吊顶再装橱柜，因为橱柜的水平和高度是要根据吊顶来决定的。但如果做吊柜的话，吊柜的高度想达到和吊顶同一水平线，那就要先做好吊柜，再上吊顶。

4. 集成吊顶需不需要排风？

答：需要，尤其是卫生间中，异味和潮气需要排气通风才能去除，因此卫生间需要安装排风扇。

5. 吊顶板材的厚度要多厚合适？

答：家装铝扣板厚度其实不是度量板材优劣的标准，材质和表面工艺才是核心的价值。铝扣板厚度一般为 0.5mm、0.6mm、0.7mm；工装一般使用 0.8mm 厚度的板材；家装中一般使用 0.6mm 或 0.7mm 厚度。鉴于两种厚度的板材实际使用过程中，美观度及实用度没有根本区别，相对比较而言，0.6mm 的板材价格较低，因此在家装中 0.6mm

厚度铝扣板是目前主流的家装选择。

【能力测试】

知识题作业（答案见二维码 5-5）

二维码 5-5

1. 填空题

1.1 同一品种的吊顶工程每 50 间应划分为一个检验批，不足 50 间也应划分为一个检验批，大面积房间和走廊可按吊顶面积每（　　）计为 1 间。

1.2 每个检验批应至少抽查 10%，并不得少于（ ）间，不足 3 间时应全数检查。

2. 判断题

2.1 金属吊杆和龙骨应经过表面防腐处理；木龙骨应进行防腐、防火处理。（　）

2.2 安装面板前不用进行吊顶内管道和设备的调试及验收。（　）

2.3 吊顶表面平整度是用 2m 靠尺和塞尺一起检测。（　）

实践活动作业

1. 活动任务

到学校实训中心，本班教室、公共空间、教室外走廊等现场做吊顶质量检测，并给出检测结果。

2. 活动组织

活动实施中，学生利用课余时间分组完成，学生 4 ～ 5 人组成一个工作小组，组长对每名组员进行任务分配。各小组制定出实施方案及工作计划，组长指导本组学生学习，检查项目进程和质量，制定改进措施，记录整理保存好各种检测技术文件，共同完成项目任务。

3. 活动时间

各组学生根据课余时间，自行组织完成。

4. 活动工具

图集、规范、计算器、铅笔、各种工具，检测尺。

5. 活动评价

质量检测完成后，填写质检报告单，扫描二维码 3 可见，格式及内容可参见项目

3——抹灰工程质量检测与验收表 3-12 抹灰工程质量检测实践活动报告单。

二维码 3

项目 6
涂饰工程质量检测与验收

【项目概述】

本项目主要是对涂饰工程子部分的质量要求、检查内容及检查方法，分项工程的划分，质量检验标准、检验批验收记录做出了明确规定。涂饰工程主要包括水性涂料涂饰、溶剂型涂料涂饰、美术涂饰等分项工程。

【学习目标】

通过本项目的学习，你将能够：

1. 熟悉涂饰工程质量检测与验收规范；
2. 会运用相关检测仪器和工具对涂饰工程质量检验进行现场检测与检验；
3. 会填写有关涂饰工程质量检测与验收的相关技术文件，并进行管理、整理、归档等。

【项目任务】

某大型公共空间室内商场，框架结构，大面积墙面、顶棚采用涂料涂饰，完工后需要对涂饰工程质量进行检验和验收，主要按照《建筑装饰装修工程质量验收标准》GB 50210-2018 及《住宅室内装饰装修工程质量验收规范》JGJ/T 304-2013 等规范要求，对隔墙的适用范围、主控项目、一般项目中的外观质量、允许偏差等方面进行验收和检测。

【学习支持】

1.《建筑装饰装修工程质量验收标准》GB 50210-2018；
2.《住宅室内装饰装修工程质量验收规范》JGJ/T 304-2013；
3.《建筑室内用腻子》JG/T 298-2010。

【项目知识】

6.1 涂饰工程一般规定

根据我国在建筑工程中积极开发、生产和推广应用“绿色”环保装修材料的原则，乳胶漆涂料已经成为当今世界涂料工业发展的方向。目前，在建筑装饰工程中常用的涂料，主要起保护、装饰和满足建筑物的使用三个方面作用。在建筑工程中主要采用水溶性涂料、溶剂型涂料、美术涂料、弹性建筑涂料和特种装饰涂料。常用涂料涂饰效果如图 6-1（a)、图 6-1（b)、图 6-1（c）所示。

（a） 水溶性涂料饰面示例

（b） 清漆与色漆饰面示例

（c） 艺术涂料饰面示例

图 6-1 常用涂料涂饰

6.1.1 适用范围

本项目适用于水性涂料涂饰、溶剂型涂料涂饰、美术涂饰等分项工程的质量验收。水性涂料包括乳液型涂料、无机涂料、水溶性涂料等；溶剂型涂料包括丙烯酸醋涂料、聚氨醋丙烯酸涂料、有机硅丙烯酸涂料、交联型氟树脂涂料等；美术涂饰包括套色涂饰、滚花涂饰、仿花纹涂饰等。

6.1.2 涂饰工程验收时应检查下列文件和记录

（1）涂饰工程的施工图、设计说明及其他设计文件；

（2）材料的产品合格证书、性能检验报告、有害物质限量检验报告和进场验收记录；

（3）施工记录。

6.1.3　各分项工程的检验批应按下列规定划分

（1）室外涂饰工程每一栋楼的同类涂料涂饰的墙面每 1000m^2 应划分为一个检验批，不足 1000m^2 也应划分为一个检验批；

（2）室内涂饰工程同类涂料涂饰墙面每 50 间应划分为一个检验批，不足 50 间也应划分为一个检验批，大面积房间和走廊可按涂饰面积每 30m^2 计为 1 间。

6.1.4　检查数量应符合下列规定

（1）室外涂饰工程每 100m^2 应至少检查一处，每处不得小于 10m^2；

（2）室内涂饰工程每个检验批应至少抽查 10%，并不得少于 3 间；不足 3 间时应全数检查。

6.1.5　涂饰工程的基层处理应符合下列规定

（1）新建筑物的混凝土或抹灰基层在用腻子找平，或直接涂饰涂料前应涂刷抗碱封闭底漆，操作如图 6-2（a）所示。

（a）基层涂刷抗碱封闭底漆

（b）去除疏松基层及涂刷界面剂示例

图 6-2　基层处理

（2）既有建筑墙面在用腻子找平或直接涂饰涂料前应清除疏松的旧装修层，并涂刷界面剂，操作如图 6-2（b）所示。

（3）混凝土或抹灰基层在用溶剂型腻子找平或直接涂刷溶剂型涂料时，含水率不得大于 8%；在用乳液型腻子找平或直接涂刷乳液型涂料时，含水率不得大于 10%，木材基层的含水率不得大于 12%。

（4）找平层应平整、坚实、牢固，无粉化、起皮和裂缝；内墙找平层的粘结强度应符合现行行业标准《建筑室内用腻子》JG/T 298 的规定。

（5）厨房、卫生间墙面的找平层应使用耐水腻子。

6.1.6　水性涂料涂饰工程施工的环境温度应为 5 ~ 35℃。

6.1.7　涂饰工程施工时应对与涂层衔接的其他装修材料、邻近的设备等采取有效的保护措施，以避免由涂料造成的沾污。

6.1.8　涂饰工程应在涂层养护期满后进行质量验收。

6.2　水溶性涂料涂饰工程质量检测与验收

6.2.1　主控项目

（1）水性涂料涂饰工程所用涂料的品种、型号和性能应符合设计要求及国家现行标准的有关规定。

检验方法：检查产品合格证书、性能检验报告、有害物质限量检验报告和进场验收记录。涂料产品合格证书及检验报告扫描二维码 6-1 可见。

二维码 6-1

（2）水性涂料涂饰工程的颜色、光泽、图案应符合设计要求。

检验方法：观察。

（3）水性涂料涂饰工程应涂饰均匀、粘结牢固，不得漏涂、透底、开裂、起皮和掉粉。检测中常见问题及处理方法如图 6-3（a）、图 6-3（b）所示。

检验方法：观察；手摸检查。

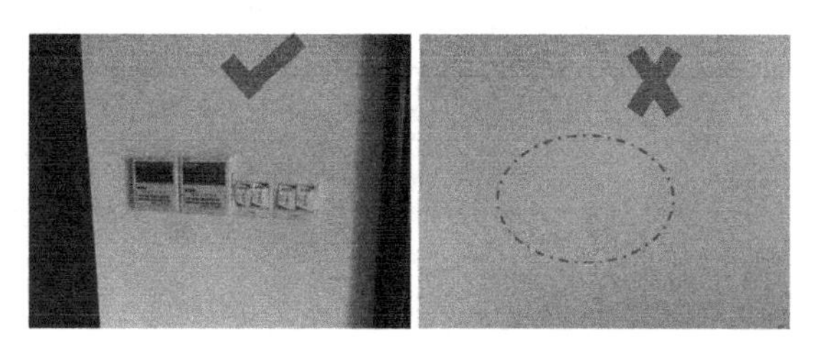

（a）　涂饰表面整体检测

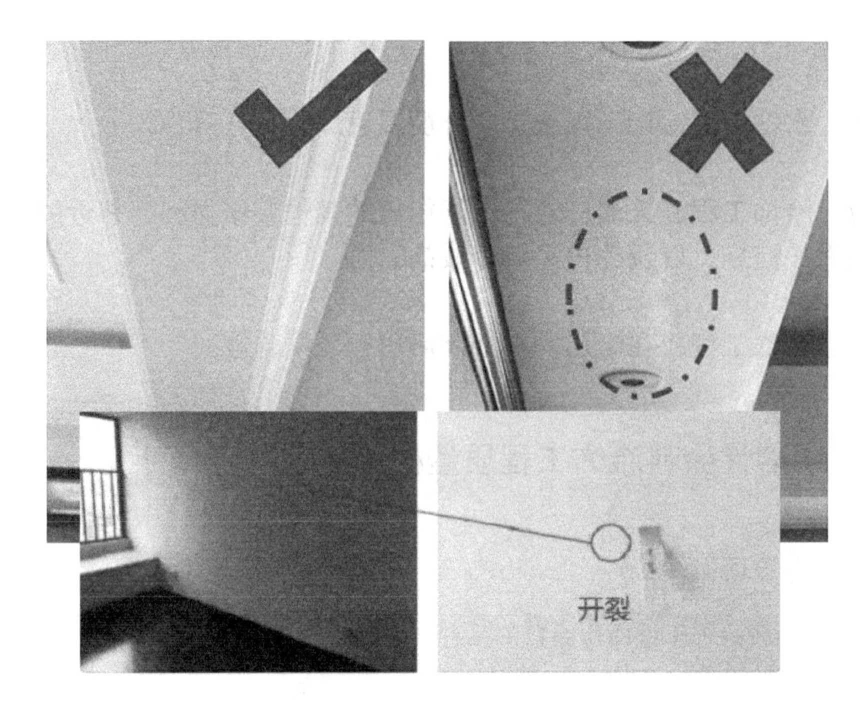

（b） 涂饰检测问题处理示例

图 6-3 检测中常见问题及处理方法

（4）水性涂料涂饰工程的基层处理应符合本书 6.1.5 的规定。

检验方法：观察；手摸检查；检查施工记录。

6.2.2 一般项目

（1）薄涂料的涂饰质量和检验方法应符合表 6-1 的规定。

薄涂料的涂饰质量和检验方法　　表 6-1

项次	项目	普通涂饰	高级涂饰	检验方法
1	颜色	均匀一致	均匀一致	观察
2	光泽、光滑	光泽基本均匀，光滑无挡手感	光泽均匀一致，光滑	
3	泛碱、咬色	允许少量轻微	不允许	
4	流坠、疙瘩	允许少量轻微	不允许	
5	砂眼、刷纹	允许少量轻微砂眼、刷纹通顺	无砂眼，无刷纹	

（2）厚涂料的涂饰质量和检验方法应符合表 6-2 的规定。

厚涂料的涂饰质量和检验方法　　表 6-2

项次	项目	普通涂饰	高级涂饰	检验方法
1	颜色	均匀一致	均匀一致	观察
2	光泽	光泽基本均匀	光泽均匀一致	
3	泛碱、咬色	允许少量轻微	不允许	
4	点状分布	—	疏密均匀	

(3) 复层涂料的涂饰质量要求和检验方法应符合表 6-3 规定。

复层涂料的涂饰质量要求和检验方法　　表 6-3

项次	项目	质量要求	检验方法
1	颜色	均匀一致	观察
2	光泽	光泽基本均匀	
3	泛碱、咬色	不允许	
4	喷点疏密程度	均匀，不允许连片	

(4) 涂层与其他装修材料和设备衔接处应吻合，界面应清晰。
检验方法：观察。
(5) 墙面水性涂料涂饰工程的允许偏差和检验方法应符合表 6-4 的规定。

墙面水性涂料涂饰工程的允许偏差和检验方法　　表 6-4

项次	项目	允许偏差（mm）					检验方法
		薄涂料		厚涂料		复层涂料	
		普通涂饰	高级涂饰	普通涂饰	高级涂饰		
1	立面垂直度	3	2	4	3	5	用 2m 垂直检测尺检查
2	表面平整度	3	2	4	3	5	用 2m 靠尺和塞尺检查
3	阴阳角方正	3	2	4	3	4	用 200mm 直角检测尺检查
4	装饰线、分色线直线度	2	1	2	1	3	拉 5m 线，不足 5m 拉通线，用钢直尺检查
5	墙裙、勒脚	2	1	2	1	3	拉 5m 线，不足 5m 拉通线，用钢直尺检查

涂料涂饰检测表面平整度操作要点如图 6-4 所示；立面垂直度检测操作如图 6-5 所示；阴阳角方正示例及检测操作如图 6-6（a）、图 6-6（b）所示。检测工具的使用方法见项目 2——装饰工程质量检测常用工具仪器及使用中相关内容。

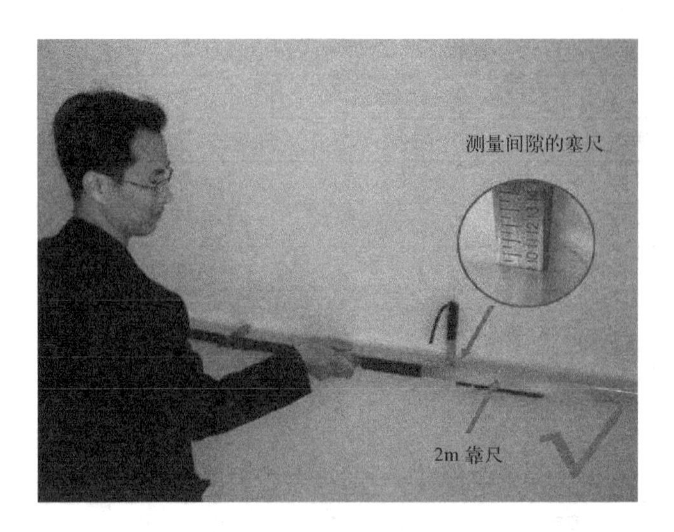

图 6-4　涂料涂饰表面平整度检测示例

图 6-5　涂料涂饰立面垂直度检测示例

（a）　涂料涂饰阴阳角示例

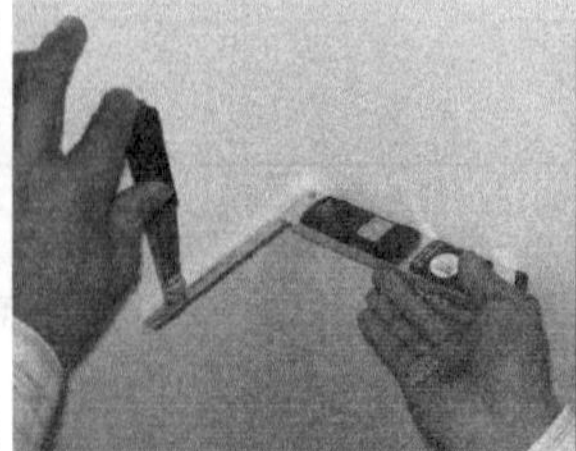

（b）涂料涂饰阴阳角方正检测示例

图 6-6　阴阳角方正示例及检测操作

6.3 溶剂型涂料涂饰工程质量检测与验收

6.3.1 主控项目

（1）溶剂型涂料涂饰工程所选用涂料的品种、型号和性能应符合设计要求及国家现行标准的有关规定。

检验方法：检查产品合格证书、性能检验报告、有害物质限量检验报告和进场验收记录。

（2）溶剂型涂料涂饰工程的颜色、光泽、图案应符合设计要求。

检验方法：观察。

（3）溶剂型涂料涂饰工程应涂饰均匀、粘结牢固，不得漏涂、透底、开裂、起皮和反锈。

检验方法：观察；手摸检查。存在问题及检测方法如图 6-7 所示。

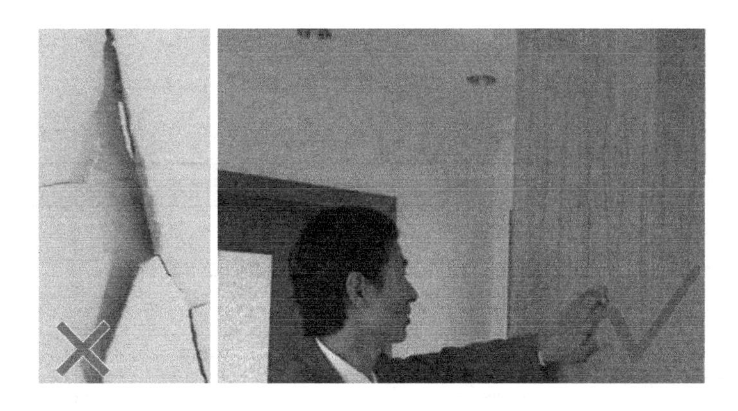

图 6-7　溶剂型涂料常见问题及手摸检测

（4）溶剂型涂料涂饰工程的基层处理应符合本书 6.1.5 中的要求。

检验方法：观察；手摸检查；检查施工记录。

6.3.2 一般项目

（1）色漆的涂饰质量和检验方法应符合表 6-5 的规定。色漆饰面效果如图 6-8 所示。

色漆的涂饰质量和检验方法　　表 6-5

项次	项目	普通涂饰	高级涂饰	检验方法
1	颜色	均匀一致	均匀一致	观察
2	光泽、光滑	光泽基本均匀，光滑无挡手感	光泽均匀一致，光滑	观察、手摸检查
3	刷纹	刷纹通顺	无刷纹	观察
4	裹棱、流坠、皱皮	明显处不允许	不允许	观察

图 6-8 检测合格色漆饰面效果

（2）清漆的涂饰质量和检验方法应符合表 6-6 的规定。清漆饰面的常见效果和检测方法如图 6-9 所示。

清漆的涂饰质量和检验方法　　表 6-6

项次	项目	普通涂饰	高级涂饰	检验方法
1	颜色	基本一致	均匀一致	观察
2	木纹	棕眼刮平，木纹清楚	棕眼刮平，木纹清楚	观察
3	光泽、光滑	光泽基本均匀，光滑无挡手感	光泽均匀一致，光滑	观察、手摸检查
4	刷纹	无刷纹	无刷纹	观察
5	裹棱、流坠、皱皮	明显处不允许	不允许	观察

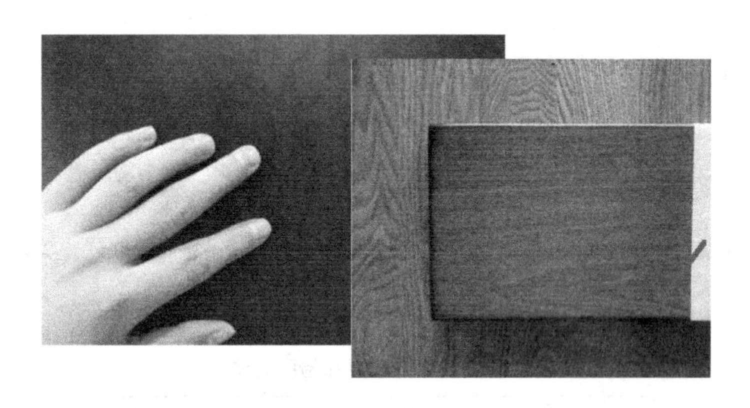

图 6-9 清漆涂饰表面颜色、光泽、木纹等项的检测

（3）涂层与其他装修材料和设备衔接处应吻合，界面应清晰。

检验方法：观察。

（4）墙面溶剂型涂料涂饰工程的允许偏差和检验方法应符合表 6-7 的规定。

墙面溶剂型涂料涂饰工程的允许偏差和检验方法　　表 6-7

项次	项目	允许偏差（mm）				检验方法
		色漆		清漆		
		普通涂饰	高级涂饰	普通涂饰	高级涂饰	
1	立面垂直度	4	3	3	2	用 2m 垂直检测尺检查
2	表面平整度	4	3	3	2	用 2m 靠尺和塞尺检查
3	阴阳角方正	4	3	3	2	用 200mm 直角检测尺检查
4	装饰线、分色线直线度	2	1	2	1	拉 5m 线，不足 5m 拉通线，用钢直尺检查
5	墙裙、勒脚上口直线度	2	1	2	1	拉 5m 线，不足 5m 拉通线，用钢直尺检查

墙面溶剂型涂料涂饰工程的检验方法可参见前面水性涂料涂饰部分内容。

6.4 美术涂饰工程质量检测与验收

美术涂料常指套色涂料、滚花涂料、仿花纹涂饰等室内美术涂饰工程。其饰面效果如图 6-10 所示。

图 6-10　美术涂料滚花饰面效果示例

6.4.1 主控项目

（1）美术涂饰工程所用材料的品种、型号和性能应符合设计要求及国家现行标准的有关规定。

检验方法：观察；检查产品合格证书、性能检验报告、有害物质限量检验报告和进场验收记录。

（2）美术涂饰工程应涂饰均匀、粘结牢固，不得漏涂、透底、开裂、起皮、掉粉和反锈。

检验方法：观察；手摸检查。

（3）美术涂饰工程的基层处理应符合《建筑装饰装修工程质量验收标准》GB 50210-2018 第 12.1.5 条的要求。

检验方法：观察；手摸检查；检查施工记录。

（4）美术涂饰工程的套色、花纹和图案应符合设计要求。

检验方法：观察。

6.4.2 一般项目

（1）美术涂饰表面应洁净，不得有流坠现象。

检验方法：观察。

（2）仿花纹涂饰的饰面应具有被模仿材料的纹理。如图 6-11 所示。

图 6-11 美术仿花纹饰面示例

检验方法：观察。

（3）套色涂饰的图案不得移位，纹理和轮廓应清晰。其效果如图 6-12 所示。

图 6-12 合格美术涂料饰面图案示例

检验方法：观察。

（4）墙面美术涂饰工程的允许偏差和检验方法应符合表 6-8 的规定。

墙面美术涂饰工程的允许偏差和检验方法　　表 6-8

项次	项目	允许偏差（mm）	检验方法
1	立面垂直度	4	用 2m 垂直检测尺检查
2	表面平整度	4	用 2m 靠尺和塞尺检查
3	阴阳角方正	4	用 200mm 直角检测尺检查
4	装饰线、分色线直线度	2	拉 5m 线，不足 5m 拉通线，用钢直尺检查
5	墙裙、勒脚上口直线度	2	拉 5m 线，不足 5m 拉通线，用钢直尺检查

【项目实施】

1. 任务分配

根据项目要求，本工程内墙面、顶棚需要涂料涂饰，按项目任务要求，完成水溶性涂料涂饰工程和溶剂型涂料涂饰工程的质量检测任务。

劳动组织形式：在以上涂料涂饰项目任务实施中，学生 4 ~ 5 人为一个工作小组，选出组长一名，采用组长负责制，负责分配任务、制定项目实施方案，并协助教师在项目实施过程中指导学生，检查督促任务进展及质量，有问题与组员一起商讨解决，并及时汇报教师，以共同顺利完成项目任务。学生资料员负责填写记录各种验收及技术文件，做好文件整理、归纳等管理工作等。项目任务分配表（扫描二维码 1 可见）格式内容如项目 3——抹灰工程质量检测与验收中“表 3-4 项目任务分配表”所示。

二维码 1

2. 任务准备

（1）项目任务检测前，认真熟悉涂料涂饰工程质量检测的相关规定；

（2）熟悉施工项目的图纸；

（3）正确使用经过校验合格的检测和测量工具；

（4）准备好涂料涂饰工程验批质量验收记录表等技术文件表格；

（5）项目任务完成后，清点工具并归还实训中心仓库管理教师，填写工具设备使用情况，清理场地搞好卫生。

3. 检测实施

水溶性涂料和溶剂型涂料工程的质量检测分主控项目和一般项目，检测内容、抽查数量和方法如下：

（1）主控项目

水溶性涂料工程的主控项目质量检测主要按照《建筑装饰装修工程质量验收标准》GB 50210-2018，12.2.1 ~ 12.2.4 条规定；溶剂型涂料工程按照 12.3.1 ~ 12.3.4 条规定；涂料涂饰工程的质量检测所用检测工具的正确使用及操作方法详见项目 2——装饰工程质量检测与验收常用工具仪器及使用。

（2）一般项目

水溶性涂料工程的一般项目主要按照《建筑装饰装修工程质量验收标准》GB 50210-2018，12.2.5 ~ 12.2.9 条的规定；溶剂型涂料工程按照 12.3.5 ~ 12.3.8 条的规定；涂料涂饰工程的质量检测所用检测工具的正确使用及操作方法，详见项目 2——装饰工程质量检测与验收常用工具仪器及使用。

4. 填写涂料涂饰工程检验批质量验收记录表

涂料涂饰检验批质量验收记录表格式与内容，（扫描二维码 6-2 可见）。其填写方法详见项目 3《抹灰工程质量检测与验收》检验批表格填写具体内容。

二维码 6-2

在以上项目任务实施过程中，学生资料员负责管理、填写、收集，验收工程技术文件，并做好整理、管理、保存、存档或者移交有关部门的工作。

5. 项目评价

在上述任务实施中，按时间、质量、安全、文明环保评分，先自评，在自评的基础上，由本组的同学互评，最后由教师进进行总结评分。

项目实践任务完成后，填写项目实践任务考核评价表，（扫描二维码 2 可见）内容可参见项目 3——抹灰工程质量检测与验收中表 3-11《项目实践任务考核评价表》的格式和内容。

二维码 2

【知识拓展】

1. 新型涂料有哪些？七大常见涂料种类介绍

涂料有着各自不同的使用属性，按照其制作原料的不同可被分为新型涂料和传统涂料这两类。常见的新型涂料种类有：

1.1 无溶剂涂料

这是一种在普通涂料中加入一定比例的反应性溶剂或其他稀释剂混合而成的新型涂料，它能够有效地溶解或分散成膜类物质，从而在墙体表面发生化学反应，形成保护膜，具有很好的保护作用，大大地减少了对周围环境的污染（图6-13）。

图6-13 无溶剂涂料应用

1.2 水性涂料

水性涂料是一种常见的新型涂料，它是一种无毒、无色、无味的液体涂料，在使用过程中，不容易散发出甲醛和苯等对人体有害的气体，是一类环境友好型涂料，可搭配建筑用乳胶漆、水稀释涂料一起使用（图6-14）。

图6-14 水性涂料应用

1.3 高固体分涂料

高固体分涂料也可被称为 VOC 溶剂型涂料，它所含有的固体分材料占整体涂料的比例在 70% 以上，因此所具有的使用性能也会更强一些。在使用过程中，能够紧密的与墙面贴合，不容易产生脱落的问题（图 6-15）。

图 6-15 高固体分涂料应用

1.4 纳米涂料

这是一种由二氧化钛为原材料制作而成的涂料产品，拥有很好的抗污性、防水性和抗老化性，在使用过程中不容易产生开裂、变形、腐蚀等现象，使用寿命较长。同时，它所独有的光催化功能和紫外屏蔽功能也深受消费者喜爱，可被广泛应用于各个领域之中（图 6-16）。

图 6-16 纳米涂料

1.5 弹性外墙涂料

弹性外墙涂料是一种专用于外墙装修的涂料，具有优异的耐候性、耐温变性、耐碱性、抗碳化性、抗积尖性和极高的透水汽性，它不仅拥有很好的墙面装修效果，还因其特有的“弹性拉伸”功能，可避免在使用过程中产生开裂、变形和腐蚀的问题，弥盖细微裂缝，保护和美化墙体，并使之持久亮丽（图6-17）。

图6-17 弹性外墙涂料应用

1.6 粉状建筑涂料

粉状建筑涂料是以固体树脂和颜料、填料及助剂等组成的固体粉末状合成树脂涂料。是目前市场上最受欢迎的一种新型涂料产品，和普通溶剂型涂料及水性涂料不同，它的分散介质不是溶剂和水，而是空气。它具有无溶剂污染，100%成膜，无害、高效率、节省资源和环保等特点（图6-18）。

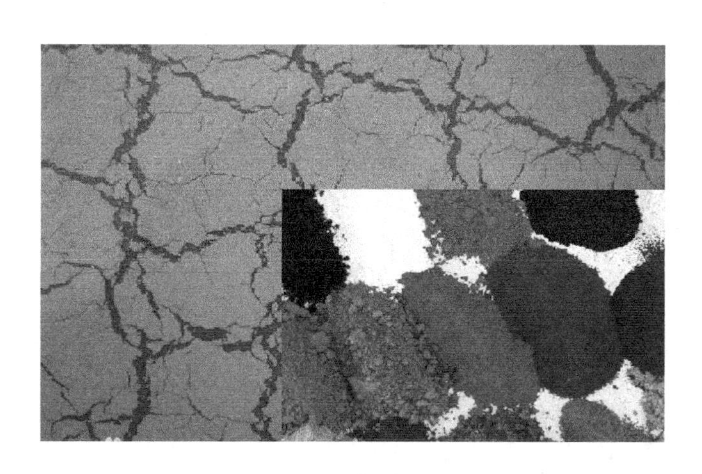

图6-18 粉状建筑涂料

1.7 储能发光涂料

储能发光涂料是通过稀土金属离子激活，具有极大极强的吸光、蓄光、发光能力，它能吸收可见光，并能在黑暗中持续发光数小时，具有独特的使用功能。储能发光涂料能够在夜间向人们展示建筑物整体的外观造型，减少了城市路边公共照明灯具的数量，在一定程度上有效地降低了电能消耗量和城市投资费用（图 6-19）。

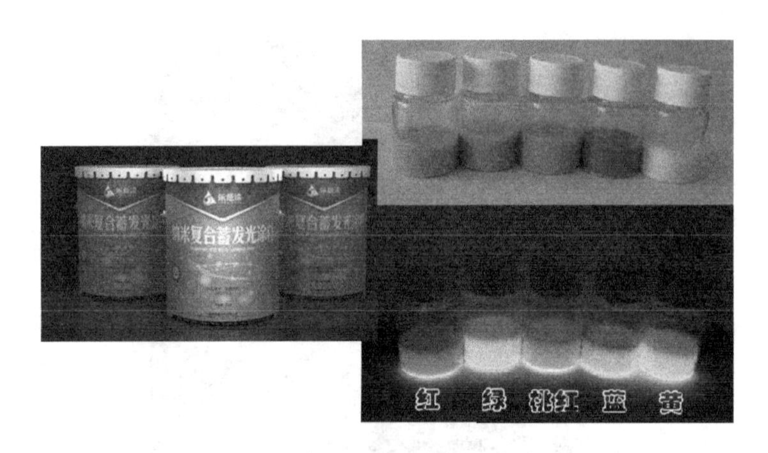

图 6-19 储能发光涂料

2.2018 艺术涂料十大品牌介绍（扫描二维码 6-3 可见）

二维码 6-3

【能力测试】

知识题作业（答案见二维码 6-4）

二维码 6-4

1. 填空题

1.1 本章适用于（　　　　　　　　　　　　　　）、美术涂饰等分项工程的质量验收。（　　　　　）包括乳液型涂料、无机涂料、水溶性涂料等；（　　　　）涂料包括丙烯酸醋涂料、聚氨醋丙烯酸涂料、有机硅丙烯酸涂料、交联型氟树脂涂料等；美术涂饰包括（　　　　　　　　　　　　　　）涂饰等。

1.2 涂料涂饰质量检测额主要项目有（　　　　　　　　　　　　　　　　　　　　　）、砂眼、刷纹等。

1.3 溶剂型涂料涂饰检测中，其中表面平整度的检测工具和方法为（　　　　　　）；阴阳角方正的检测工具和方法为（　　　　　　　　　　　）检查。

1.4 美术涂料涂饰质量检测中装饰线、分色线直线度的检测工具和方法为（　　　　）检查。

1.5 了解现在涂料涂饰行业中的知名品牌和特点。

实践活动作业

1. 活动任务

到学校实训中心，水性涂料（　　　　）涂饰实操间，现场做质量检测，并给出检测结果。

2. 活动组织

活动实施中，对学生进行分组，学生 4 ～ 5 人组成一个工作小组，组长对每名组员进行任务分配。各小组制定出实施方案及工作计划，组长指导本组学生学习，检查项目进程和质量，制定改进措施，记录整理保存好各种检测技术文件，共同完成项目任务。

3. 活动时间

各组学生根据课余时间，自行组织完成。

4. 活动工具

图集、规范、计算器、铅笔、检测尺。

5. 活动评价

涂料涂饰质量检测按照标准内容，质检完成后，填写质检报告单，（报告单扫描二维码 3 可见）详见项目 3——抹灰工程质量检测与验收表 3-12 中抹灰工程质量检验实践活动报告单的格式及内容。

二维码 3

项目 7
轻质隔墙（断）工程质量检测与验收

【项目概述】

本项目主要是对轻质隔墙工程子部分的质量要求、检查内容及检查方法，分项工程的划分，质量检验标准、检验批验收记录做出了明确规定。轻质隔墙工程主要包括棉线材隔墙、骨架隔墙、活动隔墙、玻璃隔墙等分项工程。

【学习目标】

通过本项目的学习，你将能够：

1. 熟悉装饰轻质隔墙施工质量检测与验收规范；
2. 会运用相关检测仪器和工具对轻质隔墙工程质量检验进行现场检测与检验；
3. 会填写轻质隔墙工程质量检测与验收的相关技术文件，并进行管理、整理、归档等。

【项目任务】

某大型公共空间室内商场，框架结构，需要利用轻质隔墙，分割成为满足商业需要的精品间，设计施工时根据实际情况，采用了板材及骨架轻质隔墙形式，完工后需要对工程质量进行检验和验收，主要利用《建筑装饰装修工程质量验收标准》GB 50210-2018 及《住宅室内装饰装修工程质量验收规范》JGJ/T 304-2013 等规范要求，对隔墙的适用范围、主控项目、一般项目中的外观质量、允许偏差等方面进行验收和检测。

【学习支持】

1.《建筑装饰装修工程质量验收标准》GB 50210-2018；
2.《民用建筑隔声设计规范》GB 50118；
3.《住宅室内装饰装修工程质量验收规范》JGJ/T 304-2013；
4.《建筑内部装修设计防火规范》GB 50222；
5.《建筑设计防火规范》GB 50016。

【项目知识】

7.1 轻质隔墙工程一般规定

7.1.1 适用范围

本项目适用于板材隔墙、骨架隔墙、活动隔墙和玻璃隔墙等分项工程的质量验收。板材隔墙包括复合轻质墙板、石膏空心板、增强水泥板和混凝土轻质板等隔墙；骨架隔墙包括以轻钢龙骨、木龙骨等为骨架，以纸面石膏板、人造木板、水泥纤维板等为墙面板的隔墙；玻璃隔墙包括玻璃板、玻璃砖隔墙。常见隔墙形式如图 7-1（a）、图 7-1（b）所示。

（a） 骨架隔墙与板材隔墙常见形式

（b） 活动隔墙与玻璃隔墙常见形式

图 7-1 常见隔墙形式

7.1.2 轻质隔墙工程验收时应检查下列文件和记录

（1）轻质隔墙工程的施工图、设计说明及其他设计文件；
（2）材料的产品合格证书、性能检验报告、进场验收记录和复验报告；
（3）隐蔽工程验收记录；
（4）施工记录。

7.1.3　轻质隔墙工程应对人造木板的甲醛释放量进行复验

7.1.4　轻质隔墙工程应对下列隐蔽工程项目进行验收

（1）骨架隔墙中设备管线的安装及水管试压；
（2）木龙骨防火和防腐处理；
（3）预埋件或拉结筋；
（4）龙骨安装；
（5）填充材料的设置。

7.1.5　同一品种的轻质隔墙工程每 50 间划分为一个检验批，不足 50 间也应划分为一个检验批，大面积房间和走廊按轻质隔墙的墙面 30m^2 设计为一间。

7.1.6　板材隔墙工程、骨架隔墙工程：每个检验批应至少抽查 10%，并不得少于 3 间；不足 3 间时应全数检查；活动隔墙工程、玻璃隔墙工程：每个检验批应至少抽查 20%，并不得少于 6 间；不足 6 间时应全数检查。

7.1.7　轻质隔墙与顶棚和其他墙体的交接处应采取防开裂措施

7.1.8　民用建筑轻质隔墙工程的隔声性能应符合现行国家标准《民用建筑隔声设计规范》GB 50118 的规定。

7.2　骨架隔墙施工质量检测与验收

骨架隔墙工程指轻钢龙骨、木龙骨等骨架，以纸面石膏板、人造木板、水泥纤维板等为墙面板的隔墙工程。如图 7-2 所示。

金属骨架隔墙

木骨架隔墙

图 7-2　骨架隔墙实例

7.2.1 主控项目

（1）骨架隔墙所用龙骨、配件、墙面板、填充材料及嵌缝材料的品种、规格、性能和木材的含水率应符合设计要求。有隔声、隔热、阻燃和防潮等特殊要求的工程，材料应有相应性能等级的检验报告。

检验方法：观察；检查产品合格证书、进场验收记录、性能检验报告和复验报告。

（2）骨架隔墙地梁所用材料、尺寸及位置等应符合设计要求。骨架隔墙的沿地、沿顶及边框龙骨应与基体结构连接牢固。

检验方法：手扳检查；尺量检查；检查隐蔽工程验收记录。检测内容如图 7-3 所示。

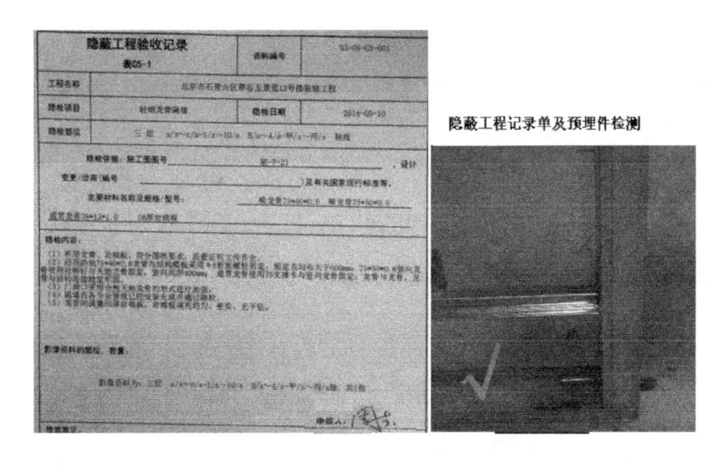

隐蔽工程验收记录 表05-1		资料编号	[illegible]
工程名称	[illegible]		
隐检项目	轻钢龙骨隔墙	隐检日期	2014-05-10
隐检部位	[illegible]		

隐检依据：施工图图号 [illegible]，设计变更/洽商（编号 / ）及有关国家现行标准等。

主要材料名称及规格/型号：[illegible]

隐检内容：

[illegible]

影像资料的部位、数量：

[illegible]

申报人：[illegible]

图 7-3 骨架隔墙隐蔽工程记录单及预埋件检查

（3）骨架隔墙中龙骨间距和构造连接方法应符合设计要求。骨架内设备管线的安装、门窗洞口等部位加强龙骨的安装应牢固、位置正确。填充材料的品种、厚度及设置应符合设计要求。

检查方法：检查隐蔽工程验收记录。检测内容如图 7-4 所示。

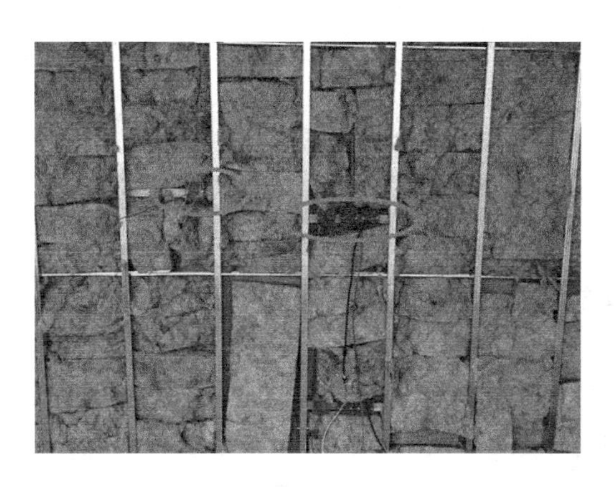

图 7-4 隔墙骨架内设备管线及填充材料的检测

（4）木龙骨及木墙面板的防火和防腐蚀处理必须符合设计要求。

检查方法：检查隐蔽工程验收记录。

（5）骨架隔墙的墙面板应安装牢固、无脱层、翘曲、折裂及缺损。

检查方法：观察；手扳检查。

（6）墙面板所用的接缝材料的接缝方法应符合设计要求。

检查方法：观察。

7.2.2 一般项目

（1）骨架隔墙表面应平整光滑、色泽一致、洁净、无裂缝，接缝应均匀、顺直。

检验方法：观察，手摸检查。

（2）骨架隔墙上的孔洞、槽、盒应位置正确。套割吻合、边缘整齐。

检查方法：观察。

（3）骨架隔墙内的填充材料应干燥，填充应密实、均匀、无下坠。

检查方法：轻敲检查，检查隐蔽工程验收记录。

（4）骨架隔墙安装的允许偏差和检验方法应符合表 7-1 的规定。

骨架隔墙安装的允许偏差和检验方法　　表 7-1

项次	项目	允许偏差（mm）		检验方法
		纸面石膏板	人造木板、水泥纤维板	
1	立面垂直度	3	4	用 2m 垂直检测尺检查
2	表面平整度	3	3	用 2m 靠尺和楔形塞尺检查
3	阴阳角方正	3	3	用直角检测尺检查
4	接缝直线度	—	3	拉 5m 线，不足 5m 拉通线，用钢直尺检查
5	压条直线度	—	3	拉 5m 线，不足 5m 拉通线，用钢直尺检查
6	接缝高低差	1	1	用钢直尺和楔形塞尺检查

用 2m 检测靠尺和楔形塞尺检测表面平整度，具体操作、计算方法见《建筑装饰工程检测常用工具仪器及使用》章节内容。

7.3 板材隔墙施工质量检测与验收

板材隔墙指复合轻质墙板、石膏空心板、预制或现制的钢丝网水泥板等板材隔墙工程。其形式如图 7-5 所示。

图 7-5　常见板材隔墙示例

7.3.1　主控项目

（1）隔墙板材的品种、规格、性能、颜色应符合设计要求。有隔声、隔热、阻燃、防潮等特殊要求的工程，板材应有相应性能等级的检测报告。

检验方法：观察；检查产品合格证书，进场验收记录和性能检测报告。

（2）安装隔墙板材所需预埋件、连接件的位置、数量及连接方法应符合设计要求。

检验方法：观察；尺量检查；检查隐蔽工程验收记录。

（3）隔墙板材安装必须牢固。

检验方法：观察；手扳检查。

（4）隔墙板材所用接缝材料的品种及接缝方法应符合设计要求。

检验方法：观察；检查产品合格证书和施工记录。

（5）隔墙板材安装应位置正确，板材不应有裂缝和缺损。

检验方法：观察；尺量检查。

7.3.2　一般项目

（1）板材隔墙表面应平整光滑、色泽一致、洁净，接缝应均匀、顺直。

检验方法：观察；手摸检查。

（2）隔墙上的孔洞、槽、盒应位置正确、套割方正、边缘整齐。

检验方法：观察。

（3）板材隔墙安装的允许偏差和检验方法应符合表 7-2 的规定。

板材隔墙安装允许偏差和检验方法　　表 7-2

项次	项目	允许偏差（mm）				检验方法
		复合轻质墙板		石膏空心板	增强水泥板、混凝土轻质板	
		金属夹芯板	其他复合板			
1	立面垂直度	2	3	3	3	用 2m 垂直检测尺检查
2	表面平整度	2	3	3	3	用 2m 靠尺和塞尺检查

续表

项次	项目	允许偏差（mm）				检验方法
		复合轻质墙板		石膏空心板	增强水泥板、混凝土轻质板	
		金属夹芯板	其他复合板			
3	阴、阳角方正	3	3	3	4	用直角检测尺检查
4	接缝高低差	1	2	2	3	用钢直尺和塞尺检查

检测操作要点，可参见骨架隔墙。

7.4　玻璃隔墙（断）施工质量检测与验收

玻璃隔墙常见形式如图 7-6 所示。

图 7-6　玻璃隔墙示例

7.4.1　主控项目

（1）玻璃隔墙工程所用材料的品种、规格、性能、图案和颜色应符合设计要求。玻璃板隔墙应使用安全玻璃。

检查方法：观察；检查产品合格证书、进场验收记录和性能检测报告。

（2）玻璃板安装及玻璃砖砌筑方法应符合设计要求。

检验方法：观察。

（3）有框玻璃板隔墙的受力杆件应与基体结构连接牢固，玻璃板安装橡胶垫位置应正确。玻璃板安装应牢固，受力应均匀。

检验方法：观察；手推检查；检查施工记录。检测内容如图 7-7 所示。

图 7-7　玻璃隔断受力构件等检测

(4) 无框玻璃板隔墙的受力爪件应与基体连接牢固，爪件的数量、位置应正确，爪件与玻璃板的连接应牢固。

检验方法：观察；手推检查；检查施工记录。

(5) 玻璃门与玻璃墙板的连接、地弹簧的安装位置应符合设计要求。

检验方法：观察；开启检查；基础施工记录。

(6) 玻璃砖隔墙砌筑中埋设的拉结筋应与基体结构连接牢固，数量、位置应正确。

检验方法：手板检查；尺量检查；检查隐蔽工程验收记录。

7.4.2　一般项目

(1) 玻璃隔墙表面应色泽一致、平整洁净、清晰美观。

检验方法：观察。

(2) 玻璃隔墙接缝应横平竖直，玻璃应无裂纹、缺损和划痕。

检验方法：观察。

(3) 玻璃隔墙嵌缝及玻璃砖墙勾缝应密实平整、均匀顺直、深浅一致。

检验方法：观察。

(4) 玻璃隔墙安装的允许偏差和检验方法应符合表 7-3 的规定。

玻璃隔墙安装允许偏差和检验方法　　表 7-3

项次	项目	允许偏差（mm）		检验方法
		玻璃砖	玻璃板	
1	立面垂直度	3	2	用 2m 垂直检测尺检查
2	表面平整度	3	—	用 2m 靠尺和塞尺检查
3	阴阳角方正	—	2	用直角检测尺检查
4	接缝直线度	—	2	拉 5m 线，不足 5m 拉通线，用钢直尺检查
5	接缝高低差	3	2	用钢直尺和塞尺检查
6	接缝宽度	—	1	用钢直尺检查

检测操作要点，可参见骨架隔墙。

7.5 活动隔墙施工质量检测与验收

活动隔墙指各种活动隔墙工程。如图 7-8（a）、图 7-8（b）所示。

(a)

(b)

图 7-8 常见活动隔墙实例

7.5.1 主控项目

（1）活动隔墙所用墙板、轨道、配件等材料的品种、规格、性能和人造木板甲醛释放量、阻燃性能应符合设计要求。

检验方法：观察；检查产品合格证书、进场验收记录、性能检测报告和复验报告。

（2）活动隔墙轨道与基体结构的连接必须牢固，并应位置正确。

检验方法：尺量检查；手扳检查。

（3）活动隔墙用于组装、推拉和制动的构配件必须安装牢固、位置正确，推拉必须安全、平稳、灵活。

检验方法：尺量检查，手扳检查，推拉检查。

（4）活动隔墙组合方式、安装方法应符合设计要求。

检验方法：观察。

7.5.2 一般项目

（1）活动隔墙表面应色泽致，平整光滑、洁净，线条应顺直、清晰。

检验方法：观察，手摸检查。

（2）活动隔墙上的孔洞、槽、套割吻合、边缘整齐。

检验方法：观察，尺量检查。

（3）活动隔墙推拉应无噪声。

检验方法：推拉检查。

（4）活动隔墙安装的允许偏差和检验方法应符合表 7-4 的规定。

活动隔墙安装的允许偏差和检验方法　　表 7-4

序号	项目	允许偏差（mm）	检验方法
1	立面垂直度	3	用 2m 垂直检测尺检查
2	表面平整度	2	用 2m 靠尺和楔形塞尺检查
3	接缝直线度	3	拉 5m 线，不足 5m 拉通线，用钢直尺检查
4	接缝高低差	2	用钢直尺和楔形塞尺检查
5	接缝宽度	2	用钢直尺检查

活动隔墙项目检测过程中，其操作要点可参见骨架隔墙工程。

【项目实施】

1. 任务分配

在以上商场室内轻质隔墙项目任务实施中，选择骨架隔墙和板材隔墙进行检测。学生 4 ~ 5 人为一个工作小组，选出组长一名，采用组长负责制，负责分配任务、制定项目实施方案，并协助教师在项目实施过程中指导学生，检查督促任务进展及质量，有问题与组员一起商讨解决，并及时汇报教师，资料员负责计算、填写、记录检验技术文件，还应该做好文件后期的管理保存及归档的工作，以共同顺利完成项目任务。项目任务分配表（扫描二维码 1 可见）可参见项目 3——抹灰工程质量检测与验收中表 3-4“项目内容分配表”格式及内容。

二维码 1

2. 任务准备

（1）项目任务检测前，认真熟悉隔墙工程质量检测的相关规定、标准；

（2）熟悉施工项目的图纸；

（3）正确使用经过校验合格的检测和测量工具；

（4）准备好隔墙工程验批质量验收记录表等技术文件表格；

（5）项目任务完成后，清点工具并归还实训中心仓库管理教师，填写工具设备使用情况，清理场地搞好卫生。

3. 检测实施

骨架隔墙和板材隔墙工程的质量检测分主控项目和一般项目，检测内容、抽查数量和方法如下：

（1）主控项目

板材隔墙工程的主控项目质量检测主要按照《建筑装饰装修工程质量验收标准》GB 50210-2018，8.2.1 ~ 8.2.5 条规定；骨架隔墙工程按照 8.3.1 ~ 8.3.6 条规定；隔墙工程的质量检测所用检测工具的正确使用及操作方法详见项目 2——装饰工程质量检测与验收常用工具仪器及使用。

（2）一般项目

板材隔墙工程的一般项目主要按照《建筑装饰装修工程质量验收标准》GB 50210-2018，8.2.6 ~ 8.2.8 条的规定；骨架隔墙工程按照 8.3.7 ~ 8.3.10 条的规定；隔墙工程的质量检测所用检测工具的正确使用及操作方法，详见项目 2——装饰工程质量检测与验收常用工具仪器及使用。

4. 填写隔墙工程检验批质量验收记录表

骨架隔墙工程检查批质量验收记录表扫描二维码 7-1 可见、板材隔墙工程检查批质量验收记录表扫描二维码 7-2 可见、玻璃隔墙工程检查批质量验收记录表扫描二维码 7-3 可见。其填写方法详见项目 3——抹灰工程质量检测与验收检验批表格填写具体内容。

二维码 7-1

二维码 7-2

二维码 7-3

在以上项目任务实施过程中，学生资料员负责管理、填写、收集，验收工程技术文件，并做好整理、管理、保存、存档或者移交有关部门的工作。

5. 项目评价

在上述任务实施中，按时间、质量、安全、文明环保评分，先自评，在自评的基础上，由本组的同学互评，最后由教师进进行总结评分。

项目实践任务完成后，填写项目实践任务考核评价表，（扫描二维码 2 可见）内容可参见项目 3——抹灰工程质量检测与验收中表 3-11《项目实践任务考核评价表》的格式和内容、文件的填写及整理，详见项目 3——抹灰工程质量检测与验收及项目 15——建筑装饰工程质量检测资料管理相关内容。

二维码 2

【知识拓展】

玻璃隔墙相关知识

1. 玻璃砖的种类

玻璃砖是用透明或有颜色玻璃料压制成形的块状，或空心盒状，体形较大的玻璃制品，其品种主要有玻璃空心砖、玻璃实心砖，通常情况下，玻璃砖作为墙体、屏风、隔断等类似功能使用，因其具有透光不透视、节能环保、使用灵活、隔声隔热、防火防潮、安全等特性，逐渐成为时尚的建筑装饰材料，受到设计师、建筑商和居家的青睐，如水立方国家游泳馆、世博会联合国馆、上海东方体育中心等知名工程，都采用了空心玻璃砖。玻璃砖形式如图 7-9 所示。

图 7-9　常见玻璃砖形式

2. 玻璃砖常见规格

常规砖（190mm × 190mm × 80mm）、小砖（145mm × 145mm × 80mm）、厚砖（190mm × 190mm × 95mm，145mm × 145mm × 95mm）、特殊规格砖（240mm × 240mm × 80mm，190mm × 90mm × 80mm）等。

玻璃砖常见种类

目前市面上流行的玻璃砖，从类型上主要分实心玻璃与空心玻璃砖，其品种主要有玻璃饰面砖及玻璃锦砖及玻璃空心砖等。

（1）玻璃饰面砖：又叫作“三明治瓷砖”，设计灵感来源于三明治：它采用两块透明的聚合材料制成的抗压玻璃板做“面包”，中间的夹层，可以随意搭配，放入其他材料，这样，整个饰面砖就活了起来，特别适合设计师的自由发挥。如图 7-10 所示。

图 7-10　玻璃饰面砖

玻璃饰面砖离不开墙体或者框架结构的依托，必须依靠某一载体才能使用，因此，应用量不是很大，一般都用在家装或者一些有特殊要求的娱乐场所等地。

（2）实心玻璃砖：由两块中间圆形凹陷的玻璃体粘接而成，由于这种砖质量比较重，一般只能粘贴在墙面上或依附其他加强的框架结构才能使用，用于粘贴或安装，只能作为室内装饰墙体而使用，所以用量相对较小。这种砖大多用在 KTV、酒吧等娱乐场合。

实心玻璃砖的颜色比较多，大多没有内部花纹，还有蒙砂等种类。实心玻璃砖如图 7-11 所示。

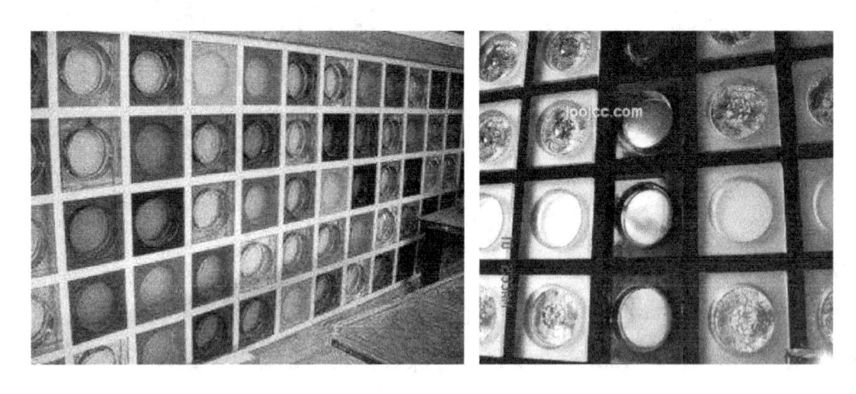

图 7-11　常见实心玻璃砖

（3）空心玻璃砖：是一种具有隔声、隔热、防水、节能、透光良好的非承重装饰材料，由两块半坯在高温下熔接而成，可依玻璃砖的尺寸、大小、花样、颜色来做不同的设计表现。依照尺寸的变化可以在家中设计出直线墙、曲线墙以及不连续墙的玻璃墙。是较为常见也是运用较多一种材料，由于是玻璃材质，故透光性较好，其花色、款式、造型都可以根据不同的使用场所进行特定的设计。其安装效果如图 7-12 所示。

图 7-12　空心玻璃砖安装效果

3　玻璃砖隔墙砌筑工艺（图 7-13）

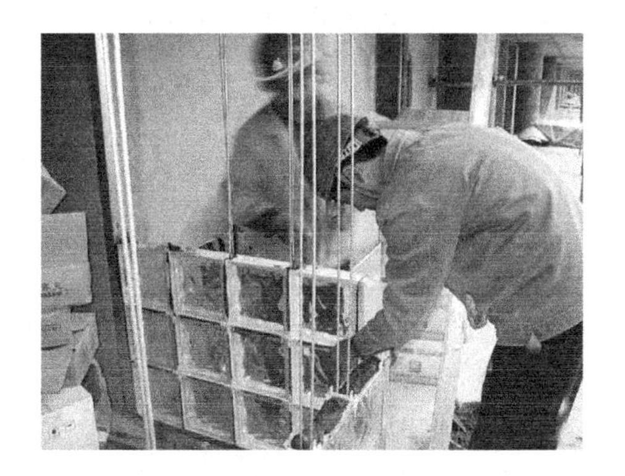

图 7-13　为增加玻璃砖隔墙的整体强度，砌筑时增设拉结钢筋

【能力测试】

知识题作业（答案见二维码 7-4）

二维码 7-4

1. 填空题

1.1 骨架隔墙工程指以（　　　　　　　　　　）等骨架，以纸面石膏板、人造木板、

水泥纤维板等为墙面板的隔墙工程。

1.2 骨架隔墙工程检测的项目有（　　　　　　　　　　　　　　　　　　　　）、压条直线度、接缝高低差等。

1.3 板材隔墙工程质量检测常用工具有（　　　　　　　　　　）等。

1.4 内容适用于（　　　　　　　　　　　　）、预制或现制的钢丝网水泥板等板材隔墙工程。

1.5 玻璃隔墙工程常用的材料有（　　　　　　　　　　　　　　　）等。

1.6 玻璃砖隔墙砌筑中理设的拉结筋必须与（　　　　）连接牢固、位置正确。

2. 判断题

2.1 木龙骨及木墙面板的防火和防腐蚀处理必须符合设计要求。（　）

2.2 骨架隔墙的墙面板应安装牢固、无脱层、翘曲、折裂及缺损。（　）

2.3 直角检测尺一般用来检查表面平整度。（　）

2.4 隔墙板材所用接缝材料的品种及接缝方法应符合设计要求。（　）

2.5 隔墙板材安装应垂直、平整、位置正确，板材有无裂缝或缺损均可。（　）

实践活动作业

1. 活动任务

到学校实训中心，轻钢龙骨纸面石膏板隔墙实操间，现场做质量检测，并给出检测结果。按照验收标准作出合格与否的判断。

2. 活动组织

活动实施中，对学生进行分组，学生 4 ~ 5 人组成一个工作小组，组长对每名组员进行任务分配。各小组制定出实施方案及工作计划，组长指导本组学生学习，检查项目进程和质量，制定改进措施，记录整理保存好各种检测技术文件，共同完成项目任务。

3. 活动时间

各组学生根据课余时间，自行组织完成。

4. 活动工具

图集、规范、计算器、铅笔、各种工具，检测尺。

5. 活动评价

隔墙质量检测完成后，填写质检报告单，项目报告单详见项目 3——抹灰工程质量检测与验收中表 3-12“抹灰工程质量检验实践活动报告单”格式及内容（扫描二维码 3 可见）。

二维码 3

项目 8
饰面板工程质量检测与验收

【项目概述】

饰面板装饰工程的类型很多，主要包括石板安装工程、陶瓷板安装工程、木板安装工程、金属板安装工程、塑料板安装工程等分项工程。此项目介绍饰面板子分部工程的质量要求、检查内容及检查方法；对各分项工程的划分，质量检验标准、检验批验收记录做出了明确规定；针对实际的饰面板工程项目进行质量检测与验收，填写检验记录单。

【学习目标】

通过本项目的学习，你将能够：

1. 熟悉饰面板的装饰类型；
2. 掌握饰面板工程的施工质量检测与验收规范；
3. 会运用相关检测仪器和工具对饰面板工程质量进行现场检测与检验；
4. 会填写饰面板工程质量检测与验收的相关技术文件，并进行管理、整理、归档等。

【项目描述】

某公司装饰装修工程，原建筑为框架结构，外墙混凝土砌块填充墙，内部空间由轻质隔墙分割成为不同用途的空间，根据设计，在不同空间的墙面有石材、木板、金属板的装饰设计，完工后需要对工程质量进行检验和验收。根据《建筑装饰装修工程质量验收标准》GB 50210-2018 及《住宅室内装饰装修工程质量验收规范》JGJ/T 304-2013 等规范要求，对各种饰面板的适用范围、主控项目、一般项目中的外观质量、允许偏差等进行验收和检测。

【学习支持】

1.《建筑装饰装修工程质量验收标准》GB 50210-2018；
2.《住宅室内装饰装修工程质量验收规范》JGJ/T 304-2013；
3.《建筑内部装修设计防火规范》GB 50222；
4.《建筑设计防火规范》GB 50016；
5.《建筑工程施工质量验收统一标准》GB 50300-2013。

【项目知识】

8.1 饰面板工程的一般规定

8.1.1 适用范围

适用于内墙饰面板安装工程和高度不大于24m、抗震设防烈度不大于8度的外墙饰面板安装工程的石板安装、陶瓷板安装、木板安装、金属板安装、塑料板安装等分项工程的质量验收。建筑室内外常见各种饰面板形式如图8-1所示。

图8-1 室内外板材安装效果示例

8.1.2 各分项工程的检验批应按下列规定划分

（1）相同材料、工艺和施工条件的室内饰面板工程每50间应划分为一个检验批，不足50间也应划分为一个检验批，大面积房间和走廊可按饰面板面积每30m^{2}计为1间。

（2）相同材料、工艺和施工条件的室外饰面板工程每1000m^{2}应划分为一个检验批，不足1000m^{2}也应划分为一个检验批。

8.1.3 检查数量

（1）室内每个检验批应至少抽查10%。并不得少于3间，不足3间时应全数检查。

（2）室外每个检验批每100m^2应至少抽查一处，每处不得小于10m^2。

8.1.4 基本要求

（1）饰面板工程验收时应检查下列文件和记录：

1）饰面板工程的施工图、设计说明及其他设计文件；

2）材料的产品合格证书、性能检验报告、进场验收记录和复验报告（复验证书见二维码8-1）；

二维码8-1

3）后置埋件的现场拉拔检验报告；

4）满黏法施工的外墙石板和外墙陶瓷板黏结强度检验报告；

5）隐蔽工程验收记录；

6）施工记录。

（2）饰面板工程应对下列材料及其性能指标进行复验：

1）室内用花岗石板的放射性、室内用人造木板的甲醛释放量；

2）水泥基粘结料的粘结强度；

3）外墙陶瓷板的吸水率；

4）严寒和寒冷地区外墙陶瓷板的抗冻性。

（3）饰面板工程应对下列隐蔽工程项目进行验收：

1）预埋件（或后置埋件）；

2）龙骨安装；

3）连接节点；

4）防水、保温、防火节点；

5）外墙金属板防雷连接节点。

（4）饰面板工程的防震缝、伸缩缝、沉降缝等部位的处理应保证缝的使用功能和饰面的完整性。

8.2 石板安装工程质量检测与验收

石板工程适用于采用花岗石、大理石、板石和人造石材（实体面材）为面材的饰面板工程。天然石材的饰面效果如图 8-2 所示。

图 8-2 天然石板背景墙示例

8.2.1 主控项目

(1) 石板的品种、规格、颜色和性能应符合设计要求及国家现行标准的有关规定。

检验方法：观察；检查产品合格证书、进场验收记录、性能检验报告和复验报告，如图 8-3 所示。

图 8-3 进场复验观察石板的品种、规格、颜色

(2) 石板孔、槽的数量、位置和尺寸应符合设计要求。

检验方法：检查进场验收记录和施工记录如图 8-4 所示。

工程名称	某住宅小区25#楼工程			
合同名称	建设工程施工合同		合同编号	GF-1999-0201
施工单位	人民施工集团股份有限公司			
样板施工部位	25#楼西单元3层		施工时间	2015年3月27日
施工样板	质量标准： 1、石材所用材料的品种、规格、性能和等级，符合设计要求及国家现行产品标准和工程技术规范的规定。 2、石材的造型、立面分格、颜色、光泽、花纹和图案符合图纸要求。 3、连接件与石材面板的连接符合设计要求，安装牢固。			
	存在问题：		数码照片	
综合验收意见	□ 不符合设计与规范要求，需返工整改 □ 符合设计和规范验收要求，无变更，可以大面积展开施工 □ 符合设计图纸，但有变更并由甲方工程部下发书面变更通知 □ 整改/变更意见：			
验收签认	施工单位	**建筑公司	监理单位	****监理公司
	地区置业公司工程部			

图 8-4　石材工程验收记录单及材料进场复验

(3) 石板安装工程的预埋件（或后置埋件）与连接件的材质、数量、规格、位置、连接方法、防腐处理应符合设计要求。后置埋件的现场拉拔力应符合设计要求。石板安装应牢固。

检验方法：手扳检查；检查进场验收记录、现场拉拔检验报告、隐蔽工程验收记录和施工记录。如图 8-5 所示。

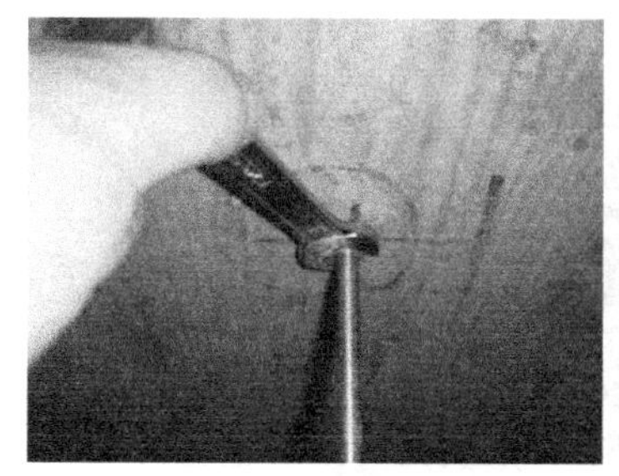

(a)　试验前检查螺母安装是否紧固，用记号笔做标记

(b)　试验时对电子测试仪的读数进行拍照作为依据

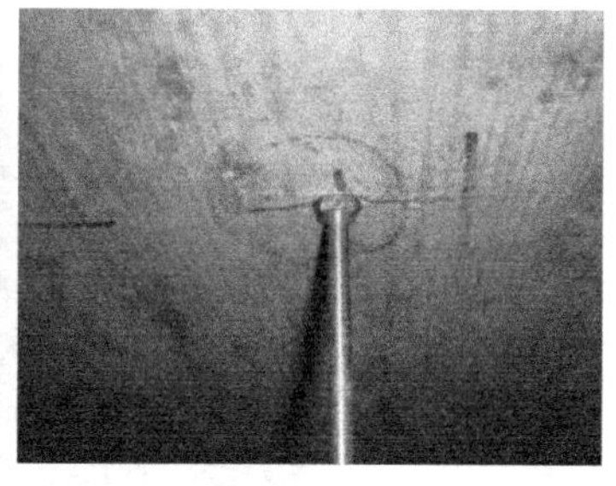

(c)　试验后检查紧固螺母位置是否有松动和旋转，膨胀螺栓是否有拉出现象

图 8-5　现场拉拔检验

(4) 采用满粘法施工的石板工程，石板与基层之间的粘结料应饱满、无空鼓。石板粘结应牢固。

检验方法：用小锤轻击检查，检查施工记录；检查外墙石板粘结强度检验报告。

8.2.2 一般项目

（1）石板表面应平整、洁净、色泽一致，应无裂痕和缺损。石板表面应无泛碱等污染。检验方法：观察，检测结果如图 8-6（a）、图 8-6（b）所示。

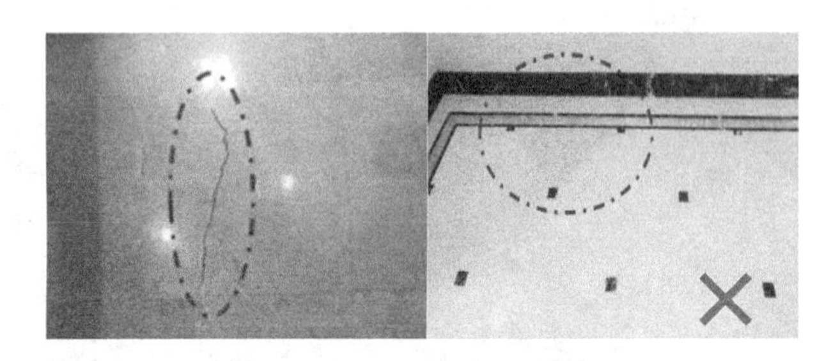

（a） 石板裂缝及色差的质量问题

（b） 石板泛碱及缺损的质量问题

图 8-6 石板表面质量问题

（2）石板填缝应密实、平直，宽度和深度应符合设计要求，填缝材料色泽应一致，如图 8-7 所示。

检验方法：观察，尺量检查。

图 8-7 石板填缝质检情况

（3）采用湿作业法施工的石板安装工程，石板应进行防碱封闭处理。石板与基体之间的灌注材料应饱满、密实。

检验方法：用小锤轻击检查；检查施工记录。

（4）石板上的孔洞应套割吻合，边缘应整齐。
检验方法：观察。
（5）石板安装的允许偏差和检验方法应符合表 8-1 的规定。

石板安装的允许偏差和检验方法　　表 8-1

项次	项目	允许偏差（mm）			检验方法
		光面	剁斧石	蘑菇石	
1	立面垂直度	2	3	3	用 2m 垂直检测尺检查
2	表面平整度	2	3	—	用 2m 靠尺和塞尺检查
3	阴阳角方正	2	4	4	用 200mm 直角检测尺检查
4	接缝直线度	2	4	4	拉 5m 线，不足 5m 拉通线，用钢直尺检查
5	墙裙、勒脚上口直线度	2	3	3	
6	接缝高低差	1	3	—	用钢直尺和塞尺检查
7	接缝宽度	1	2	2	用钢直尺检查

在石材饰面的平整度、垂直度、阴阳角方正度等项目的监测中，所用 2m 靠尺等工具的使用方法，详见“项目 2 装饰工程质量检测与验收常用工具仪器及使用”中相关内容。

8.3　陶瓷板安装工程质量检测与验收

陶瓷板主要包括陶板、异形陶板、陶土百叶。陶瓷板安装效果如图 8-8 所示。

图 8-8　陶板及陶棍百叶示例

8.3.1　主控项目

（1）陶瓷板的品种、规格、颜色和性能应符合设计要求及国家现行标准的有关规定。
检验方法：观察；检查产品合格证书、进场验收记录和性能检验报告。

（2）陶瓷板孔、槽的数量、位置和尺寸应符合设计要求。

检验方法：检查进场验收记录和施工记录。

（3）陶瓷板安装工程的预埋件（或后置埋件）、连接件的材质、数量、规格、位置、连接方法和防腐处理应符合设计要求。后置埋件的现场拉拔力应符合设计要求。陶瓷板安装应牢固。

检验方法：手扳检查；检查进场验收记录、现场拉拔检验报告、隐蔽工程验收记录和施工记录。

（4）采用满粘法施工的陶瓷板工程，陶瓷板与基层之间的粘结料应饱满、无空鼓。陶瓷板粘结应牢固。

检验方法：用小锤轻击检查；检查施工记录；检查外墙陶瓷板粘结强度检验报告。

8.3.2 一般项目

（1）陶瓷板表面应平整、洁净、色泽一致，应无裂痕和缺损。

检验方法：观察。

（2）陶瓷板填缝应密实、平直，宽度和深度应符合设计要求，填缝材料色泽应一致。

检验方法：观察；尺量检查。

（3）陶瓷板安装的允许偏差和检验方法应符合表8-2的规定。

陶瓷板安装的允许偏差和检验方法　　表 8-2

项次	项目	允许偏差（mm）	检验方法
1	立面垂直度	2	用2m垂直检测尺检查
2	表面平整度	2	用2m靠尺和塞尺检查
3	阴阳角方正	2	用200mm直角检测尺检查
4	接缝直线度	2	拉5m线，不足5m拉通线，用钢直尺检查
5	墙裙、勒脚上口直线度	2	拉5m线，不足5m拉通线，用钢直尺检查
6	接缝高低差	1	用钢直尺和塞尺检查
7	接缝宽度	1	用钢直尺检查

8.4 木板安装工程质量检测与验收

木板饰面安装效果如图8-9所示。

8.4.1 主控项目

（1）木板的品种、规格、颜色和性能应符合设计要求及国家现行标准的有关规定。

图 8-9　室内木板饰面示例

木龙骨、木饰面板的燃烧性能等级应符合设计要求。

检验方法：观察；检查产品合格证书、进场验收记录、性能检验报告和复验报告。

（2）木板安装工程的龙骨、连接件的材质、数量、规格、位置、连接方法和防腐处理应符合设计要求。木板安装应牢固。

检验方法：手扳检查；检查进场验收记录、隐蔽工程验收记录和施工记录，木饰面板隐蔽工程验收记录扫描二维码 8-2 可见。

二维码 8-2

8.4.2　一般项目

（1）木板表面应平整、洁净、色泽一致，应无缺损。

检验方法：观察。检测方法及情况如图 8-10 所示。

（2）木板接缝应平直，宽度应符合设计要求。

检验方法：观察；尺量检查。

（3）木板上的孔洞应套割吻合，边缘应整齐。

检验方法：观察。

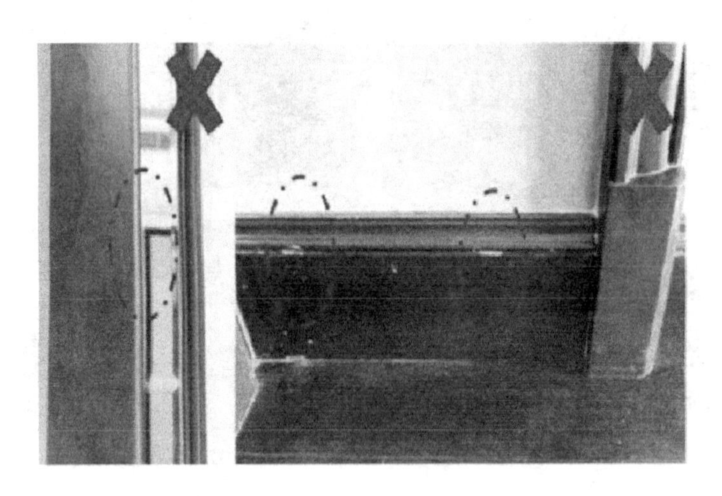

图 8-10　观察：木饰面表面磕碰、划痕为不合格

（4）木板安装的允许偏差和检验方法应符合表 8-3 的规定。检测方法如图 8-11 ～图 8-13 所示。检测工具及检测方法详见“项目 2 装饰工程质量检测与验收常用工具仪器及使用方法”相关内容。

木板安装的允许偏差和检验方法　　表 8-3

项次	项目	允许偏差（mm）	检验方法
1	立面垂直度	2	用 2m 垂直检测尺检查
2	表面平整度	1	用 2m 靠尺和塞尺检查
3	阴阳角方正	2	用 200mm 直角检测尺检查
4	接缝直线度	2	拉 5m 线，不足 5m 拉通线，用钢直尺检查
5	墙裙、勒脚上口直线度	2	拉 5m 线，不足 5m 拉通线，用钢直尺检查
6	接缝高低差	1	用钢直尺和塞尺检查
7	接缝宽度	1	用钢直尺检查

图 8-11　直线度：用 2m 靠尺检查，表面平整度度误差≤ 2mm 为合格

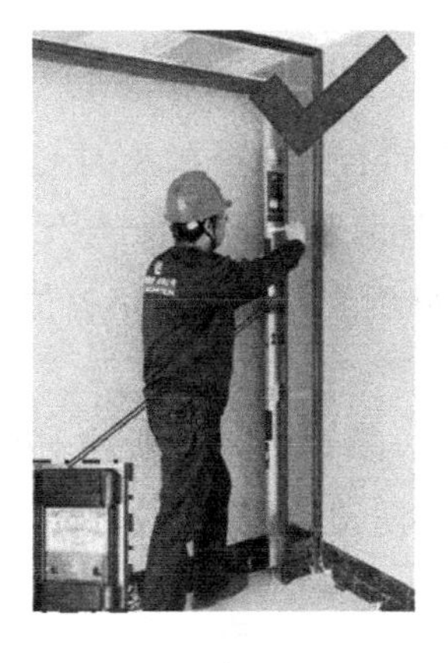

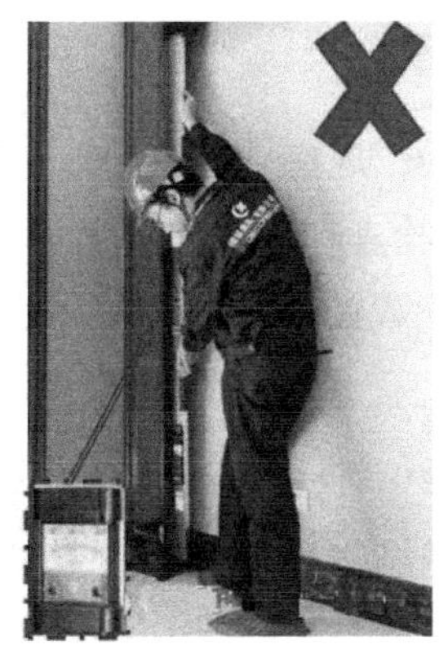

图 8-12 用 2m 靠尺及塞尺检查，墙面垂直度误差≤ 1.5mm 为合格

图 8-13 水平度：用 1m 水平尺检查，水平度误差≤ 1mm 为合格

8.5 金属板安装工程质量检测与验收

金属饰面板有钢板、铝板等品种。常见饰面效果如图 8-14 所示。

图 8-14 某会议中心公共大厅灰色金属板顶棚和灰色金属板墙面示例

8.5.1 主控项目

（1）金属板的品种、规格、颜色和性能应符合设计要求及国家现行标准的有关规定。

检验方法：观察；检查产品合格证书、进场验收记录和性能检验报告。

（2）金属板安装工程的龙骨、连接件的材质、数量、规格、位置、连接方法和防腐处理应符合设计要求。金属板安装应牢固。

检验方法：手扳检查；检查进场验收记录、隐蔽工程验收记录和施工记录。

（3）外墙金属板的防雷装置应与主体结构防雷装置可靠接通。

检验方法：检查隐蔽工程验收记录。

8.5.2 一般项目

（1）金属板表面应平整、洁净、色泽一致。

检验方法：观察。

（2）金属板接缝应平直，宽度应符合设计要求。

检验方法：观察；尺量检查。

（3）金属板上的孔洞应套割吻合，边缘应整齐。

检验方法：观察。

（4）金属板安装的允许偏差和检验方法应符合表 8-4 的规定。

金属板安装的允许偏差和检验方法　　表 8-4

项次	项目	允许偏差（mm）	检验方法
1	立面垂直度	2	用 2m 垂直检测尺检查
2	表面平整度	3	用 2m 靠尺和塞尺检查
3	阴阳角方正	3	用 200mm 直角检测尺检查
4	接缝直线度	2	拉 5m 线，不足 5m 拉通线，用钢直尺检查
5	墙裙、勒脚上口直线度	2	拉 5m 线，不足 5m 拉通线，用钢直尺检查
6	接缝高低差	1	用钢直尺和塞尺检查
7	接缝宽度	1	用钢直尺检查

8.6 塑料板安装工程质量检测与验收

塑料板主要包括塑料贴面装饰板、覆塑装饰板、有机玻璃板材等，复合板包含在相应主导材料中。

捷克 KOGAA Studio 的旧建改造，结构完全由回收材料打造而成：木制框架外层包覆着聚碳酸酯板和波纹塑料板。其效果如图 8-15 所示。

图 8-15 聚碳酸酯板和波纹塑料板应用示例

8.6.1 主控项目

(1) 塑料板的品种、规格、颜色和性能应符合设计要求及国家现行标准的有关规定。塑料饰面板的燃烧性能等级应符合设计要求。

检验方法：观察；检查产品合格证书、进场验收记录和性能检验报告。

(2) 塑料板安装工程的龙骨、连接件的材质、数量、规格、位置、连接方法和防腐处理应符合设计要求。塑料板安装应牢固。

检验方法：手扳检查；检查进场验收记录、隐蔽工程验收记录和施工记录。

8.6.2 一般项目

(1) 塑料板表面应平整、洁净、色泽一致，应无缺损。

检验方法：观察。

(2) 塑料板接缝应平直，宽度应符合设计要求。

检验方法：观察；尺量检查。

(3) 塑料板上的孔洞应套割吻合，边缘应整齐。

检验方法：观察。

(4) 塑料板安装的允许偏差和检验方法应符合表 8-5 的规定。

塑料板安装的允许偏差和检验方法　　表 8-5

项次	项目	允许偏差（mm）	检验方法
1	立面垂直度	2	用 2m 垂直检测尺检查
2	表面平整度	3	用 2m 靠尺和塞尺检查
3	阴阳角方正	3	用 200mm 直角检测尺检查

续表

项次	项目	允许偏差（mm）	检验方法
4	接缝直线度	2	拉5m线，不足5m拉通线，用钢直尺检查
5	墙裙、勒脚上口直线度	2	拉5m线，不足5m拉通线，用钢直尺检查
6	接缝高低差	1	用钢直尺和塞尺检查
7	接缝宽度	1	用钢直尺检查

【项目实施】

1. 任务分配

到学校实训室，根据工程施工图设计以及设计说明中施工要求，完成此工程室内板材墙面质量检测项目任务，实训室室内有石板、陶瓷板、木板等墙面类型。

劳动组织形式：学生4～5人为一个工作小组，采用组长负责制，负责分配任务、制定项目实施方案，并协助教师在项目实施过程中指导学生，检查督促任务进展及质量，有问题与组员一起商讨解决，并及时汇报教师，以共同顺利完成项目任务。组长安排一名资料员，负责记录整理和及时上交本组任务相关资料的工作。扫描二维码1可见项目任务分配表。

二维码1

2. 任务准备

（1）项目任务检测前，认真熟悉饰面板工程质量检测的相关规定；

（2）熟悉施工项目的图纸；

（3）正确使用经过校验合格的检测和测量工具；

（4）准备好饰面板工程检验批质量验收记录表等技术文件表格；

（5）项目任务完成后，清点工具并归还实训中心仓库管理教师；填写工具设备使用情况；清理场地搞好卫生。

3. 检测实施

石板工程、陶瓷板工程及木板工程的质量检测分主控项目和一般项目，检测内容、抽查数量和方法如下。

（1）主控项目

石板安装工程的主控项目质量检测主要按照《建筑装饰装修工程质量验收标准》GB

50210-2018，9.2.1 ～ 9.2.4 条规定；陶瓷板安装工程按照 9.3.1 ～ 9.3.4 条规定；木板安装工程按照 9.4.1 ～ 9.4.2 条规定；饰面板工程的质量检测所用检测工具的正确使用及操作方法详见项目 2——装饰工程质量检测与验收常用工具仪器及使用。

（2）一般项目

石板安装工程的一般项目主要按照《建筑装饰装修工程质量验收标准》GB 50210-2018，9.2.5 ～ 9.2.9 条的规定；陶瓷板安装工程按照 9.3.5 ～ 9.3.7 条的规定；木板安装工程按照 9.4.3 ～ 4.4.6 条的规定；饰面板工程的质量检测所用检测工具的正确使用及操作方法，详见项目 2——装饰工程质量检测与验收常用工具仪器及使用。

4. 填写饰面板工程检验批质量验收记录表

按照检验批表格要求来绘制饰面板工程施工检验批质量验收表，记录表扫描二维码 8-3 可见；填写检测项目，记录检测数值，正确填写验收意见。

二维码 8-3

在项目任务实施过程中，学生资料员负责管理、填写、收集，验收工程技术文件，并做好整理、管理、保存、存档的工作。

5. 项目评价

在上述任务实施中，按时间、质量、安全、文明环保评分，先自评，在自评的基础上，由本组的同学互评，最后由教师进行总结评定。

项目任务完成后，填写项目实践任务考核评价表，（扫描二维码 2 可见），可参照项目 3——抹灰工程质量检测与验收中表 3-11 格式及内容。

二维码 2

【项目拓展】

1. 石材干挂施工工艺

石材工程类型有干挂石材、湿挂（灌浆法）石材和直接粘贴石材构造。如图

8-16 ~图 8-21 所示。

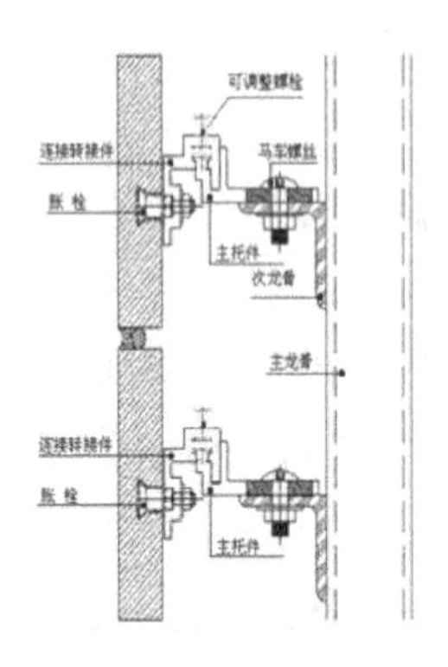

图 8-16　墙面干挂石材构造示例

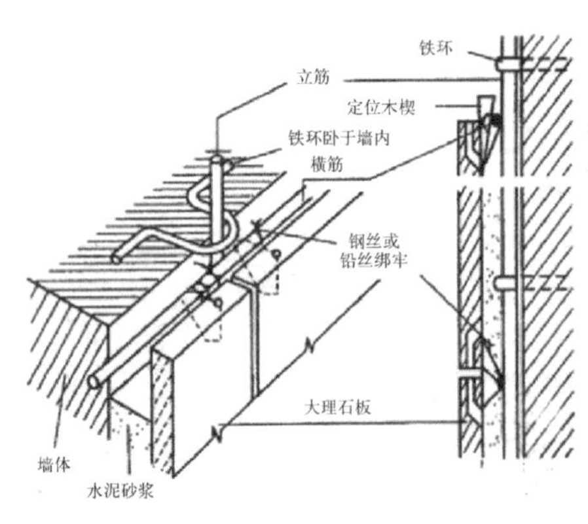

图 8-17　墙面湿挂石材构造示例

图 8-18　灌浆法石材墙面实例

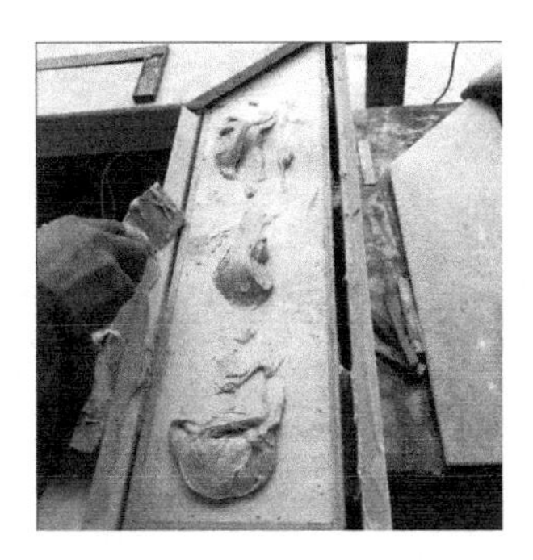

图 8-19　粘接剂粘贴石材实例

图 8-20　水泥砂浆粘贴石材

2. 木饰面的安装工艺

木板墙饰面工程多用人造板作为基层板，木单板为面层板。基层有金属龙骨基层和木龙骨基层，木饰面的安装有粘贴法和干挂法，如图 8-21 所示。

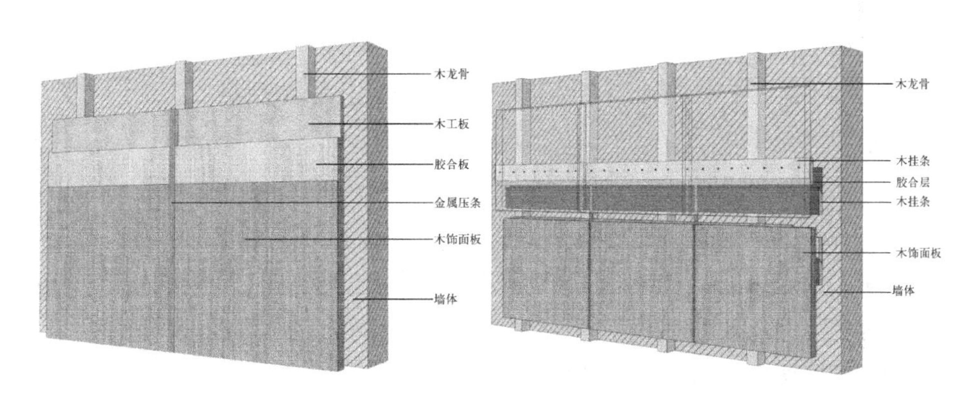

（a）　木板材墙面粘贴法构造示例　　（b）　木板材墙面干挂法构造示例

图 8-21　木板材墙面粘贴法和干挂法构造示例

【能力测试】

知识题作业（答案见二维码 8-4）

二维码 8-4

1. 填空题

1.1 饰面板工程室外每个检验批每 $100m^2$ 应至少抽查一处，每处不得小于（ ）。

1.2 石板饰面工程需要进行复验的材料和性能指标包括：（ ）。

1.3 饰面板工程质量验收适用于内墙饰面板安装工程和高度不大于（ ）、抗震设防烈度不大于（ ）度的外墙饰面板安装工程的质量验收。

1.4 饰面板接缝直线度的检验方法是（ ）。

2. 判断题

2.1 采用湿作业法施工的石板安装工程，石板应进行防酸封闭处理。（ ）

2.2 用观察法检验石板表面应平整、洁净、色泽一致，应无裂痕和缺损。（ ）

2.3 石板饰面表面平整度是用 2m 靠尺和塞尺一起检测。（ ）

2.4 金属板安装工程的龙骨、连接件的材质、数量、规格、位置、连接方法和防腐处理应符合设计要求，金属板安装应牢固，可以手扳检查。（ ）

实践活动作业

1. 活动任务

到学校实训中心，石材饰面现场做质量检测，并给出检测结果。

2. 活动组织

活动实施中，学生进行分组，学生 4 ~ 5 人组成一个工作小组，组长对每名组员进行任务分配。各小组制定出实施方案及工作计划，组长指导本组学生学习，检查项目进程和质量，制定改进措施，记录整理保存好各种检测技术文件，共同完成项目任务。

3. 活动时间

各组学生利用课余时间，自行组织完成。

4. 活动工具

图集、规范、计算器、铅笔、各种工具，检测仪器。

5. 活动评价

饰面板工程质量检测完成后，根据检测情况填写项目实践活动报告单（扫描二维码 3 可见），详见项目 3——抹灰工程质量检测与验收表 3-12 中抹灰工程质量检验实践活动报告单的格式及内容。

二维码 3

项目 9
饰面砖工程施工质量检测与验收

【项目概述】

本项目介绍饰面砖子分部工程的质量要求、检查内容及检查方法；对内外墙饰面砖粘贴分项工程的质量检验标准、检验批验收记录做出了明确规定；针对实际的饰面砖工程项目进行质量检测与验收，填写检验记录单。

【学习目标】

通过本项目的学习，你将能够：

1. 熟悉饰面砖工程的类型；
2. 掌握饰面砖工程的施工质量检测与验收规范；
3. 会运用相关检测仪器和工具对饰面砖工程质量进行现场检测与检验；
4. 会填写饰面砖工程质量检测与验收的相关技术文件，并进行管理、整理、归档等。

【项目描述】

某公司装饰装修工程，根据设计，外墙面部分进行外墙面砖的粘贴，卫生间内墙也进行了内墙饰面砖施工，完工后需要对工程质量进行检验和验收，主要利用《建筑装饰装修工程质量验收标准》GB 50210-2018 及《住宅室内装饰装修工程质量验收规范》JGJ/T 304-2013 等规范要求，对内外墙饰面砖的适用范围、主控项目、一般项目中的外观质量、允许偏差等方面进行验收和检测。

【学习支持】

1.《建筑装饰装修工程质量验收标准》GB 50210-2018；
2.《住宅室内装饰装修工程质量验收规范》JGJ/T 304-2013；
3.《建筑内部装修设计防火规范》GB 50222；
4.《建筑设计防火规范》GB 50016；
5.《建筑工程施工质量验收统一标准》GB 50300-2013；
6.《建筑工程饰面砖粘结强度检验标准》JGJ/T 110。

【项目知识】

9.1 饰面砖工程的一般规定

饰面砖主要包括陶瓷砖、釉面陶瓷砖、陶瓷锦砖、玻化砖、劈开砖等。内外墙饰面砖的粘贴要求不同，外墙饰面砖粘贴比内墙饰面砖粘贴要求更高，因此内外墙饰面砖的质量检测项目与质量要求不同。常见饰面砖应用形式如图 9-1 所示。

图 9-1 常见饰面砖效果示例

9.1.1 适用范围

适用于内墙饰面砖粘贴和高度不大于 100m、抗震设防烈度不大于 8 度、采用满粘法施工的外墙饰面砖粘贴等分项工程的质量验收。

9.1.2 各分项工程的检验批应按下列规定划分

（1）相同材料、工艺和施工条件的室内饰面砖工程每 50 间应划分为一个检验批，不足50间也应划分为一个检验批，大面积房间和走廊可按饰面砖面积每$30m^2$计为1间。

（2）相同材料、工艺和施工条件的室外饰面砖工程每$1000m^2$应划分为一个检验批，不足$1000m^2$也应划分为一个检验批。

9.1.3 检查数量

（1）室内每个检验批应至少抽查10%，并不得少于3间，不足3间时应全数检查；

（2）室外每个检验批每$100\ m^2$应至少抽查一处，每处不得小于$10\ m^2$。

9.1.4 一般规定

（1）饰面砖工程验收时应检查下列文件和记录：

1）饰面砖工程的施工图、设计说明及其他设计文件；

2）材料的产品合格证书、性能检验报告、进场验收记录和复验报告；

3）外墙饰面砖施工前粘贴样板和外墙饰面砖粘贴工程饰面砖粘结强度检验报告；

4）隐蔽工程验收记录；

5）施工记录。

（2）饰面砖工程应对下列材料及其性能指标进行复验：

1）室内用花岗石和瓷质饰面砖的放射性；

2）水泥基粘结材料与所用外墙饰面砖的拉伸粘结强度；

3）外墙陶瓷饰面砖的吸水率；

4）严寒及寒冷地区外墙陶瓷饰面砖的抗冻性。

（3）饰面砖工程应对下列隐蔽工程项目进行验收：

1）基层和基体；

2）防水层。

（4）外墙饰面砖工程施工前，应在待施工基层上做样板，并对样板的饰面砖粘结强度进行检验，检验方法和结果判定应符合现行行业标准《建筑工程饰面砖粘结强度检验标准》JGJ/T 110的规定。

（5）饰面砖工程的防震缝、伸缩缝、沉降缝等部位的处理应保证缝的使用功能和饰面的完整性。

9.2 内墙饰面砖粘贴工程质量检测与验收

9.2.1 主控项目

（1）内墙饰面砖的品种、规格、图案、颜色和性能应符合设计要求及国家现行标准的有关规定。

检验方法：观察；检查产品合格证书、进场验收记录、性能检验报告和复验报告。

（2）内墙饰面砖粘贴工程的找平、防水、粘结和填缝材料及施工方法应符合设计要求及国家现行标准的有关规定。

检验方法：检查产品合格证书、复验报告和隐蔽工程验收记录。

（3）内墙饰面砖粘贴应牢固。

检验方法：手拍检查，检查施工记录。

（4）满粘法施工的内墙饰面砖应无裂缝，大面和阳角应无空鼓。

检验方法：观察；用小锤轻击检查。如图 9-2 所示。响锤工具的使用方法及检验方法详见项目 2——装饰工程质量检测常用工具仪器及使用方法中相关内容。

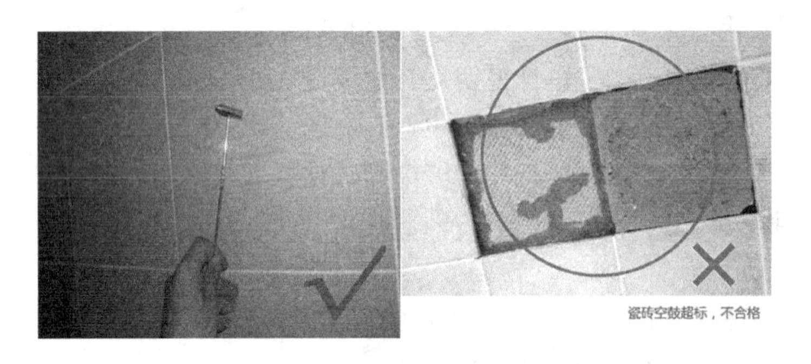

图 9-2　饰面砖空鼓检测方法

9.2.2　一般项目

（1）内墙饰面砖表面应平整、洁净、色泽一致，应无裂痕和缺损。

检验方法：观察。如图 9-3 所示。

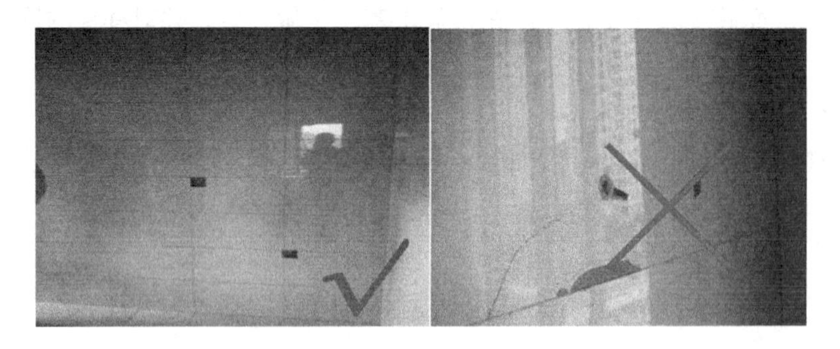

图 9-3　目测检测饰面砖结果

（2）内墙面凸出物周围的饰面砖应整砖套割吻合，边缘应整齐。墙裙、贴脸突出墙面的厚度应一致。

检验方法：观察；尺量检查。

（3）内墙饰面砖接缝应平直、光滑，填嵌应连续、密实；宽度和深度应符合设计要求。

检验方法：观察；尺量检查。

（4）内墙饰面砖粘贴的允许偏差和检验方法应符合表 9-1 的规定。饰面砖立面垂直度、表面平整度、接缝宽度等项的检测工具及检测方法可参加项目 2——装饰工程质量检测常用工具仪器及使用方法中相关内容。立面垂直度及接缝宽度检测方法如图 9-4、图 9-5 所示。

内墙饰面砖粘贴的允许偏差和检验方法　　表 9-1

项次	项目	允许偏差（mm）	检验方法
1	立面垂直度	2	用 2m 垂直检测尺检查
2	表面平整度	3	用 2m 靠尺和塞尺检查
3	阴阳角方正	3	用 200mm 直角检测尺检查
4	接缝直线度	2	拉 5m 线，不足 5m 拉通线，用钢直尺检查
5	接缝高低差	1	用钢直尺和塞尺检查
6	接缝宽度	1	用钢直尺检查

图 9-4　用 2m 靠尺及塞尺检查，墙面垂直度误差≤ 2mm 为合格

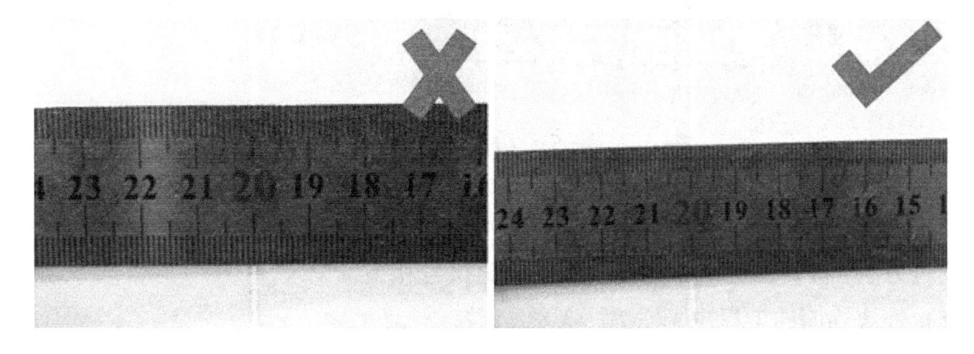

图 9-5　用钢直尺检查，接缝宽度偏差≤ 1mm 为合格

9.3　外墙饰面砖粘贴工程质量检测与验收

9.3.1　主控项目

（1）外墙饰面砖的品种、规格、图案、颜色和性能应符合设计要求及国家现行标准的有关规定。

检验方法：观察；检查产品合格证书、进场验收记录、性能检验报告和复验报告。

（2）外墙饰面砖粘贴工程的找平、防水、粘结、填缝材料及施工方法应符合设计要求和现行行业标准《外墙饰面砖工程施工及验收规程》JGJ 126 的规定。

检验方法：检查产品合格证书、复验报告和隐蔽工程验收记录，记录单扫描二维码 9-1 可见。

二维码 9-1

（3）外墙饰面砖粘贴工程的伸缩缝设置应符合设计要求。

检验方法：观察；尺量检查。检测方法如图 9-6 所示。

图 9-6　外墙饰面砖分格缝、变形缝的设计要求

（4）外墙饰面砖粘贴应牢固。

检验方法：检查外墙饰面砖粘结强度检验报告和施工记录。

（5）外墙饰面砖工程应无空鼓、裂缝。

检验方法：观察；用小锤轻击检查。

9.3.2 一般项目

(1) 外墙饰面砖表面应平整、洁净、色泽一致，应无裂痕和缺损。

检验方法：观察。

(2) 饰面砖外墙阴阳角构造应符合设计要求。

检验方法：观察。

(3) 墙面凸出物周围的外墙饰面砖应整砖套割吻合，边缘应整齐。墙裙、贴脸突出墙面的厚度应一致。

检验方法：观察；尺量检查。

(4) 外墙饰面砖接缝应平直、光滑，填嵌应连续、密实；宽度和深度应符合设计要求。

检验方法：观察；尺量检查。

(5) 有排水要求的部位应做滴水线（槽）。滴水线（槽）应顺直，流水坡向应正确，坡度应符合设计要求。

检验方法：观察；用水平尺检查。

(6) 外墙饰面砖粘贴的允许偏差和检验方法应符合表9-2的规定。

外墙饰面砖粘贴的允许偏差和检验方法　　表9-2

项次	项目	允许偏差（mm）	检验方法
1	立面垂直度	3	用2m垂直检测尺检查
2	表面平整度	4	用2m靠尺和塞尺检查
3	阴阳角方正	3	用200mm直角检测尺检查
4	接缝直线度	3	拉5m线，不足5m拉通线，用钢直尺检查
5	接缝高低差	1	用钢直尺和塞尺检查
6	接缝宽度	1	用钢直尺检查

【项目实施】

1. 任务分配

根据工程施工图设计以及设计说明中施工要求，完成此工程卫生间内墙与外墙饰面砖墙面质量检测项目任务。

劳动组织形式：学生4～5人为一个工作小组，采用组长负责制，负责分配任务、制定项目实施方案，并协助教师在项目实施过程中指导学生，检查督促任务进展及质量，有问题与组员一起商讨解决，并及时汇报教师，以共同顺利完成项目任务。组长安排一名学生资料员，负责记录整理和及时上交本组任务相关资料的工作。项目任务分配扫描二维码1可见。

二维码 1

2. 任务准备

（1）项目任务检测前，认真熟悉饰面砖工程质量检测的相关规定；

（2）熟悉施工项目的图纸；

（3）正确使用经过校验合格的检测和测量工具；

（4）准备好饰面砖工程检验批质量验收记录表等技术文件表格；

（5）项目任务完成后，清点工具并归还实训中心仓库管理教师，填写工具设备使用情况，清理场地搞好卫生。

3. 检测实施

内墙饰面砖工程、外墙饰面砖工程质量检测分主控项目和一般项目，检测内容、抽查数量和方法如下：

（1）主控项目

内墙饰面砖工程的主控项目质量检测主要按照《建筑装饰装修工程质量验收标准》GB 50210-2018，10.2.1 ~ 10.2.4 条规定；外墙饰面砖工程按照 10.3.1 ~ 10.3.5 条规定；饰面砖工程的质量检测所用检测工具的正确使用及操作方法详见项目 2——装饰工程质量检测与验收常用工具仪器及使用。

（2）一般项目

内墙饰面砖工程的一般项目主要按照《建筑装饰装修工程质量验收标准》GB 50210-2018，10.2.5 ~ 10.2.8 条的规定；外墙饰面砖工程按照 10.3.6 ~ 10.3.11 条的规定；饰面砖工程的质量检测所用检测工具的正确使用及操作方法，详见项目 2——装饰工程质量检测与验收常用工具仪器及使用。

4. 填写饰面砖工程检验批质量验收记录表

按照检验批表格要求来绘制饰面砖工程施工检验批质量验收表，填写检测项目，记录检测数值，正确填写验收意见。检验批记录表的填写方法详见项目 3 中相关内容。

在项目任务实施过程中，学生资料员负责管理、填写、收集，验收工程技术文件，并做好整理、管理、保存、存档的工作。

5. 项目评价

在上述任务实施中，按时间、质量、安全、文明环保评分，先自评，在自评的基础上，由本组的同学互评，最后由教师进行总结评定。

项目任务完成后，填写项目实践任务考核评价表，（扫描二维码 2 可见），可参照项目 3——抹灰工程质量检测与验收中表 3-11 格式及内容。

二维码 2

【项目拓展】

饰面砖粘结强度检验

外墙饰面砖脱落危及人身安全，应有足够的粘结强度，保证牢固可靠。为了避免大面积粘贴外墙饰面砖后出现饰面砖粘结强度不达标造成不可挽回的损失，如图 9-7 所示，规定现场粘贴外墙饰面砖施工前，在每种类型的基层上各粘贴饰面砖制作样板件，对饰面砖粘结强度进行检验，防患于未然，检验方法和检验结果判定符合现行行业标准《建筑工程饰面砖粘结强度检验标准》JGJ/T 110 的规定。

图 9-7　外墙砖大面积脱落质量问题

1. 检验数量的确定

带饰面砖的预制墙板检验批确定：应以每 1000m^2 同类带饰面砖的预制墙板为一个检验批，不足 1000 m^2 应按 1000 m^2 计，每批应取一组，每组应为 3 块板，每块板应制取 1 个试样对饰面砖粘结强度进行检验。

监理单位应从粘贴外墙饰面砖的施工人员中随机抽选一人，在每种类型的基层上应各粘贴至少 1 m^2 饰面砖样板件，每种类型的样板件应各制取一组 3 个饰面砖粘结强度试样。

现场粘贴外墙饰面砖除了在施工前应对饰面砖样板件粘结强度进行检验外，工程完工后，还应对饰面砖粘结强度进行检验。现场粘贴饰面砖的粘结强度检验应以每 1000 m^2

至少取一组试样，试样应随机抽取，取样间距不得小于 500mm。

2. 检测时间

采用水泥基胶粘剂粘贴外墙饰面砖时，可按胶粘剂使用说明书的规定时间或在粘贴外墙饰面砖 14d 及以后进行饰面砖粘结强度检验。粘贴后 28d 以内达不到标准或有争议时，应以 28 ～ 60d 内约定时间检验的粘结强度为准。

3. 检测仪器和工具

粘结强度检测仪（图 9-8）、标准块、钢直尺（1mm 精度）、手持切割锯、胶粘剂（粘结强度宜大于 3.0MPa）、胶带。

4. 检验过程

（1）粘贴标准块

首先清除饰面砖表面污渍并保持干燥。当现场温度低于 5℃时，标准块预热后再进行粘贴，标准块尺寸长、宽、厚为 95mm × 45mm ×（6 ～ 8）mm 或 40mm × 40mm ×（6 ～ 8）mm。胶粘剂按使用说明书规定的配比使用，搅拌均匀、随用随配、涂布均匀，胶粘剂硬化前不得受水浸。在饰面砖上粘贴标准块，如图 9-9 ～图 9-11 所示，进行时应轻轻挤压，使得胶粘剂从标准块四周溢出，并及时使用胶带固定（避免标准块下滑）。胶粘剂不应粘连相邻饰面砖。

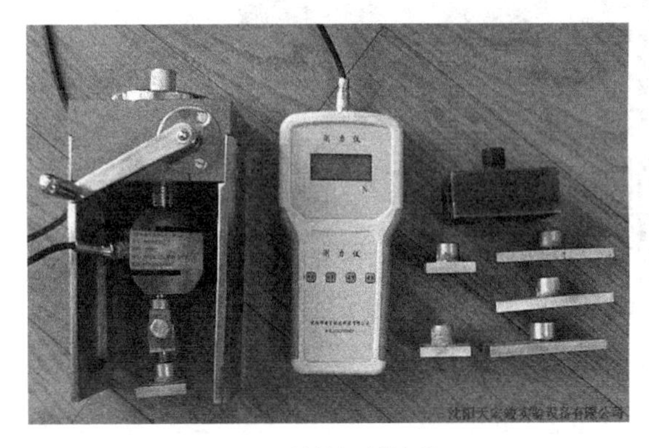

图 9-8　粘结强度检测仪

图 9-9　标准块粘贴

（2）切割试样

待胶粘剂完全干燥后，再使用切割机沿着标准块四周切至饰面砖粘结层下面。试样切割长度和宽度宜与标准块相同，其中有两道相邻切割线应沿饰面砖边缝切割。切割至混凝土墙体或砌体表面，深度应一致。对有加强处理措施的加气混凝土、轻质砌块、轻质墙板和外墙外保温系统上粘贴的外墙饰面砖，需要在加强处理措施或保温系统符合国家有关标准的要求，并有隐蔽工程验收合格证明的前提下，切割至加强抹面层表面，形成矩形缝或正方形缝的断缝。

（3）粘结强度检测仪的安装

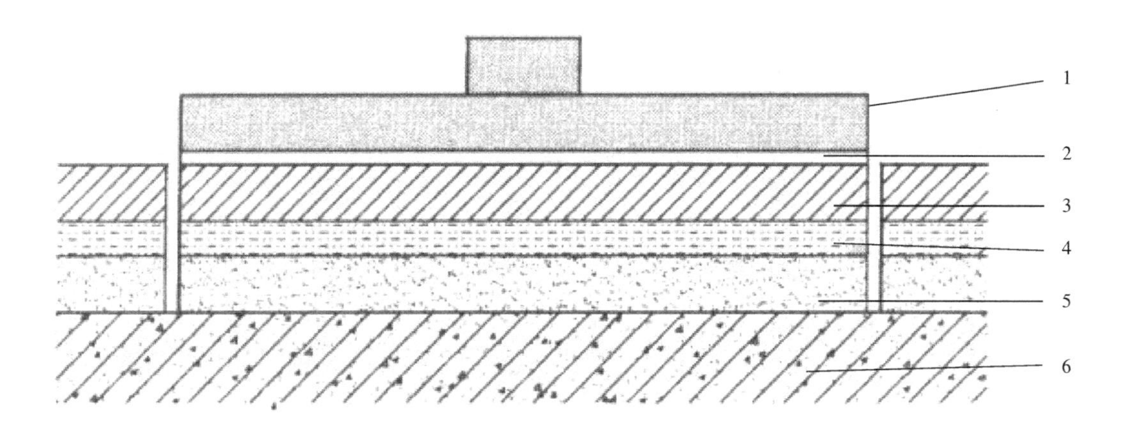

图 9-10　不带保温加强系统的标准块粘贴示意图

1- 标准块；2- 胶粘剂；3- 饰面砖；4- 粘结层；5- 找平层；6- 基体

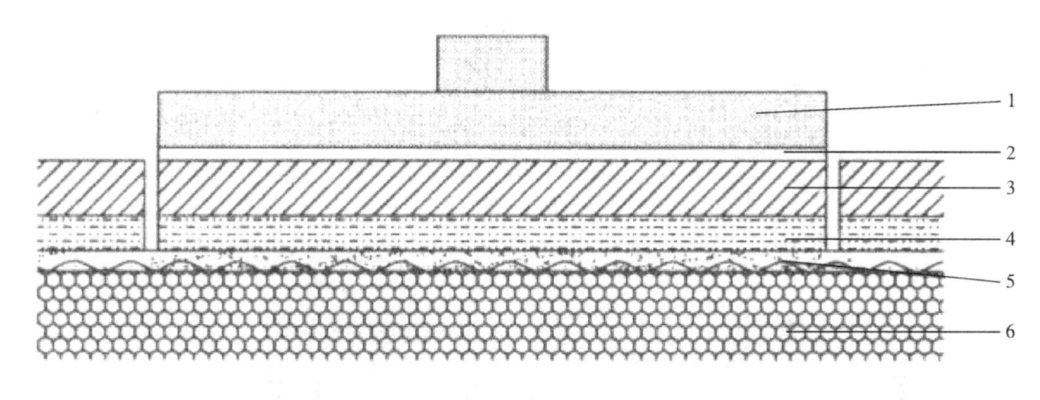

图 9-11　带保温或加强系统的标准块粘贴示意图

1- 标准块；2- 胶粘剂；3- 饰面砖；4- 粘结层；5- 加强抹面层；6- 保温层或被加强的基体

检测前在标准块上应安装带有万向接头的拉力杆。安装专用穿心式千斤顶，使拉力杆通过穿心千斤顶中心，并与标准块垂直。调整千斤顶活塞，应使活塞升出 2mm 左右，并将数字显示器调零，再拧紧拉力杆螺母。如图 9-12 ～图 9-14 所示。

图 9-12　粘结强度检测仪安装固定

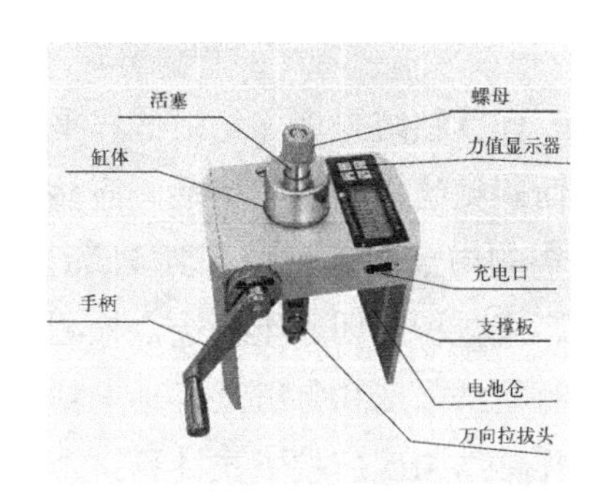

图 9-13　粘结强度检测仪各部位名称

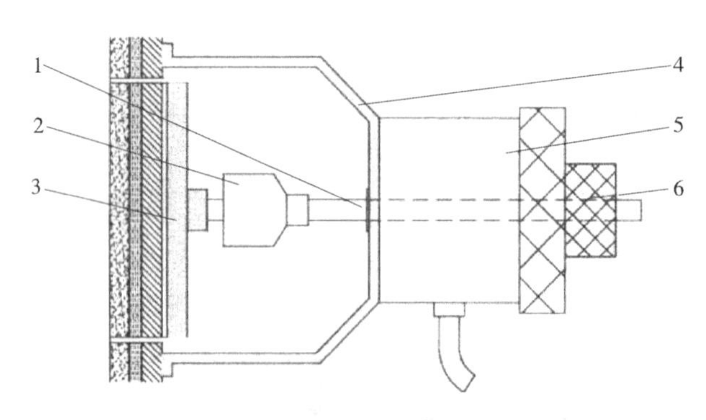

图 9-14　粘结强度检测仪安装示意图

1- 拉力杆；2- 万向接头；3- 标准块；4- 支架；5- 穿心式千斤顶；6- 拉力杆螺母

（4）测试饰面砖粘结力

检测前在标准块上应安装心并与标准块垂直。调整千斤顶活塞，应使活塞升出 2mm 左右，并将数字显示器调零，再拧紧拉力杆螺母。如图 9-15 所示。

检测饰面砖粘结力时，匀速摇转手柄升压（以 5mm/min 的速度），直至饰面砖试样断开，记录粘结强度检测仪的数字显示器峰值，该值即是粘结力值，精确到 0.01kN。

检测后降压至千斤顶复位，取下拉力杆螺母及拉杆。

图 9-15　外墙饰面砖拉拔强度检测

（5）计算粘结强度和每组试样平均粘结强度

饰面砖粘结力检测完毕后，应按受力断开的性质确定断开状态，测量试样断开面每对切割边的中部长度（精确到 1mm）作为试样断面边长，当检测结果小于标准平均值要求时，应分析原因并重新选点检测。

计算粘结强度和每组试样平均粘结强度，精确到 0.1MPa。

试样粘结强度应按下式计算：

$$R_i=\frac{X_i}{S_i}\times 10^3$$

式中 R_i——第 i 个试样粘结强度（MPa），精确到 0.1MPa；

X_i——第 i 个试样粘结力（kN），精确到 0.01kN；

S_i——第 i 个试样断面面积（mm^2），精确 $1mm^2$。

每组试样平均粘结强度应按下式计算：

$$R_m=\frac{1}{3}\sum_{i=1}^{3}R_i$$

式中 R_m——每组试样平均粘结强度（MPa），精确到 0.1MPa。

（6）粘结强度检验评定

现场粘贴的同类饰面砖，当一组试样均符合下列两项指标要求时，其粘结强度应定为合格；当一组试样均不符合下列两项指标要求时，其粘结强度应定为不合格；当一组试样只符合下列两项指标的一项要求时，应在该组试样原取样区域内重新抽取两组试样检验，若检验结果仍有一项不符合下列指标要求时，则该组饰面砖粘结强度应定为不合格：

指标一：每组试样平均粘结强度不应小于 0.4MPa；

指标二：每组可有一个试样的粘结强度小于 0.4MPa，但不应小于 0.3MPa。

带饰面砖的预制墙板检测指标为：

指标一：每组试样平均粘结强度不应小于 0.6MPa；

指标二：每组可有一个试样的粘结强度小于 0.6MPa，但不应小于 0.4MPa。

5. 填写饰面砖粘结强度检测报告。见表 9-3。

饰面砖粘结强度检测报告 表 9-3

检验编号：

工程名称				抽样日期	
委托单位				检验日期	
建设单位				签发日期	
施工单位				分项工程	
检验性质				基体类型	
见证单位				粘结材料	
见证人				饰面砖品种及牌号	
检验地点				饰面砖规格	
检验依据	《建筑工程饰面砖粘结强度检验标准》JGJ/T 110—2017			检验环境温度	
检验设备				检验环境湿度	
检验结果					
编号	抽样部位	断面面积（mm^2）	粘结强度（MPa）	评定标准	检测结果

续表

1					
2					
3					
4					
5					
6					
检验结果					
备注			检验单位	（盖章）	

技术负责： 校核： 检验：

饰面砖样板件粘结强度合格后，严格按粘结料配合比和施工工艺控制施工过程。

【能力测试】

知识题作业（答案见二维码9-2）

二维码9-2

1. 填空题

1.1 饰面砖工程应验收的隐蔽工程项目有：（　　　　　　　　　　）。

1.2 外墙饰面砖工程施工前，应在待施工基层上做样板，并对样板的（　　　　），检验方法和结果判定应符合现行行业标准的规定。

1.3 内墙饰面砖阴阳角方正的检测允许偏差为（　　），用（　　　　　　）检查。

1.4 饰面砖工程需要进行复验的材料和性能指标包括：（　　　　　　　　　　）。

2. 判断题

2.1 内墙饰面砖阳角空鼓、开裂、破损是我国常见的工程质量问题，阳角处普遍存在粘结料不饱满和空鼓现象，饰面砖45°拼阳角形成的锐角容易破损，发达国家普遍采用内墙饰面砖阳角粘贴阳角条的方法很好地解决了这个难题。（　）

2.2 内墙饰面砖粘贴工程的伸缩缝设置应符合设计要求。检验方法：观察；尺量检查。（　）

2.3 室内饰面砖每个检验批与应室外饰面砖每个检验批确定相同，至少抽查 10% ，每 100 m^2 应至少抽查一处，每处不得小于 10 m^2 。(   )

实践活动作业

1. 活动任务

到学校楼梯间、楼道、宿舍卫生间等现场，对饰面砖面层做质量检测，并给出检测结果。

2. 活动组织

活动实施中，学生进行分组，学生 4 ～ 5 人组成一个工作小组，组长对每名组员进行任务分配。各小组制定出实施方案及工作计划，组长指导本组学生学习，检查项目进程和质量，制定改进措施，记录整理保存好各种检测技术文件，共同完成项目任务。

3. 活动时间

各组学生根据课余时间，自行组织完成。

4. 活动工具

图集、规范、计算器、铅笔、各种工具，检测仪器。

5. 活动评价

饰面砖工程质量检测完成后，编写质检活动报告单（扫描二维码 3 可见），详见项目 3——抹灰工程质量检测与验收的表 3-12 中抹灰工程质量检验实践活动报告单的格式及内容。

二维码 3

项目 10
幕墙工程施工质量检测与验收

【项目概述】

介绍幕墙子分部工程的质量要求、检查内容及检查方法；对幕墙各分项工程的质量检验标准、检验批验收记录做出了明确规定；幕墙工程主要包括玻璃幕墙、石材幕墙、金属等分项工程；并针对实际的幕墙工程项目进行质量检测与验收，填写检验记录单。

【学习目标】

通过本项目的学习，你将能够：

1. 熟悉幕墙工程的类型；
2. 掌握幕墙工程的施工质量检测与验收规范；
3. 会运用相关检测仪器和工具对幕墙工程质量进行现场检测与检验；
4. 会填写幕墙工程质量检测与验收的相关技术文件，并进行管理、整理、归档等。

【项目描述】

某公司装饰装修工程，根据设计，外墙面局部为玻璃幕墙施工，完工后需要对工程质量进行检验和验收，主要利用《建筑装饰装修工程质量验收标准》GB 50210-2018 及《住宅室内装饰装修工程质量验收规范》JGJ/T 304-2013 等规范要求，对幕墙工程的适用范围、主控项目、一般项目中的外观质量、允许偏差等方面进行验收和检测。

【学习支持】

1.《建筑装饰装修工程质量验收标准》GB 50210-2018；
2.《住宅室内装饰装修工程质量验收规范》JGJ/T 304-2013；
3.《建筑内部装修设计防火规范》GB 50222；
4.《建筑设计防火规范》GB 50016；
5.《玻璃幕墙工程技术规范》JGJ 102；
6.《金属与石材幕墙工程技术规范》JGJ 133；
7.《人造板材幕墙工程技术规范》JGJ 336；
8.《建筑用硅酮结构密封胶》GB 16776；
9.《建筑工程施工质量验收统一标准》GB 50300-2013。

【项目知识】

10.1 幕墙工程的一般规定

由金属构件与各种板材组成的悬挂在主体结构上、不承担主体结构荷载与作用的建筑物外围护结构，称为建筑幕墙。按建筑幕墙的面板可将其分为玻璃幕墙、金属幕墙、石材幕墙、人造板材幕墙及组合幕墙等。按建筑幕墙的安装形式又可将其分为散装建筑幕墙、半单元建筑幕墙、单元建筑幕墙、小单元建筑幕墙等。常见幕墙形式如图 10-1 所示。

图 10-1 常见玻璃幕墙、石材幕墙示例

10.1.1 适用范围

适用于玻璃幕墙、金属幕墙、石材幕墙、人造板材幕墙等分项工程的质量验收。玻

璃幕墙包括构件式玻璃幕墙、单元式玻璃幕墙、全玻璃幕墙和点支承玻璃幕墙。

10.1.2 各分项工程的检验批应按下列规定划分

（1）相同设计、材料、工艺和施工条件的幕墙工程每 1000m^2 应划分为一个检验批，不足 1000m^2 也应划分为一个检验批；

（2）同一单位工程不连续的幕墙工程应单独划分检验批；

（3）对于异形或有特殊要求的幕墙，检验批的划分应根据幕墙的结构、工艺特点及幕墙工程规模，由监理单位（或建设单位）和施工单位协商确定。

10.1.3 检查数量

（1）室外每个检验批每 100m^2 应至少抽查一处，每处不得小于 10m^2。

（2）对于异形或有特殊要求的幕墙工程，应根据幕墙的结构、工艺特点，由监理单位（或建设单位）和施工单位协商确定。

10.1.4 基本规定

（1）幕墙工程验收时应检查下列文件和记录：

1）幕墙工程的施工图、结构计算书、热工性能计算书、设计变更文件、设计说明及其他设计文件；

2）建筑设计单位对幕墙工程设计的确认文件；

3）幕墙工程所用材料、构件、组件、紧固件及其他附件的产品合格证书、性能检验报告、进场验收记录和复验报告；

4）幕墙工程所用硅酮结构胶的抽查合格证明，国家批准的检测机构出具的硅酮结构胶相容性和剥离粘结性检验报告，石材用密封胶的耐污染性检验报告；

5）后置埋件和槽式预埋件的现场拉拔力检验报告；

6）封闭式幕墙的气密性能、水密性能、抗风压性能及层间变形性能检验报告；

7）注胶、养护环境的温度、湿度记录，双组分硅酮结构胶的混匀性试验记录及拉断试验记录；

8）幕墙与主体结构防雷接地点之间的电阻检测记录；

9）隐蔽工程验收记录；

10）幕墙构件、组件和面板的加工制作检验记录；

11）幕墙安装施工记录；

12）张拉杆索体系预拉力张拉记录；

13）现场淋水检验记录。

（2）幕墙工程应对下列材料及其性能指标进行复验：

1）铝塑复合板的剥离强度；

2）石材、瓷板、陶板、微晶玻璃板、木纤维板、纤维水泥板和石材蜂窝板的抗弯强度，严寒、寒冷地区石材、瓷板、陶板、纤维水泥板和石材蜂窝板的抗冻性，室内用花岗石的放射性；

3）幕墙用结构胶的邵氏硬度、标准条件拉伸粘结强度、相容性试验、剥离粘结性试验，石材用密封胶的污染性；

注：幕墙工程使用的硅酮结构密封胶，应选用具备规定资质的检测单位检测合格的产品，在使用前必须对幕墙工程选用的铝合金型材、玻璃、双面胶带、硅酮耐候密封胶、塑料泡沫棒等与硅酮结构密封胶接触的材料做相容性试验和粘结剥离性试验，试验合格后才能进行打胶。

4）中空玻璃的密封性能；

5）防火、保温材料的燃烧性能；

6）铝材、钢材主受力杆件的抗拉强度。

（3）幕墙工程应对下列隐蔽工程项目进行验收：

1）预埋件或后置埋件、锚栓及连接件；

2）构件的连接节点；

3）幕墙四周、幕墙内表面与主体结构之间的封堵；

4）伸缩缝、沉降缝、防震缝及墙面转角节点；

5）隐框玻璃板块的固定；

6）幕墙防雷连接节点；

7）幕墙防火、隔烟节点；

8）单元式幕墙的封口节点。

（4）幕墙工程主控项目和一般项目的验收内容、检验方法、检查数量应符合现行行业标准《玻璃幕墙工程技术规范》JGJ 102 、《金属与石材幕墙工程技术规范》JGJ 133和《人造板材幕墙工程技术规范》JGJ 336 的规定。

（5）幕墙及其连接件应具有足够的承载力、刚度和相对于主体结构的位移能力。当幕墙构架立柱的连接金属角码与其他连接件采用螺栓连接时，应有防松动措施。

（6）玻璃幕墙采用中性硅酮结构密封胶时，其性能应符合现行国家标准《建筑用硅酮结构密封胶》GB 16776 的规定；硅酮结构密封胶应在有效期内使用。

（7）不同金属材料接触时应采用绝缘垫片分隔。

（8）硅酮结构密封胶的注胶应在洁净的专用注胶室进行，且养护环境、温度、湿度条件应符合结构胶产品的使用规定。

注：隐框、半隐框玻璃幕墙所采用的中性硅酮结构密封胶，是保证隐框、半隐框玻璃幕墙安全性的关键材料。中性硅酮结构密封胶有单、双组分之分，单组分硅酮结构密封胶靠吸收空气中水分而固化，因此，单组分硅酮结构密封胶的固化时间较长，一般需

要 14 ~ 21d，双组分固化时间较短，一般为 7 ~ 10d。硅酮结构密封胶在完全固化前，其粘结拉伸强度是很弱的，因此，玻璃幕墙构件在打注结构胶后，应在温度 20℃、湿度 50% 以上的干净室内养护，待完全固化后才能进行下道工序。

（9）幕墙的防火应符合设计要求和现行国家标准《建筑设计防火规范》GB 50016 的规定。

（10）幕墙与主体结构连接的各种预埋件，其数量、规格、位置和防腐处理必须符合设计要求。

（11）幕墙的变形缝等部位处理应保证缝的使用功能和饰面的完整性。

10.2 玻璃幕墙工程质量检测与验收

适用于建筑高度不大于 150m、抗震设防烈度不大于 8 度的隐框玻璃幕墙、半隐框玻璃幕墙、明框玻璃幕墙、全玻幕墙及点支承玻璃幕墙的质量验收。玻璃幕墙的常见形式如图 10-2 所示。

（a） 常见隐框玻璃幕墙形式图　　（b） 常见明框玻璃幕墙形式

（c） 常见半隐框玻璃幕墙形式图　　（d） 常见点支玻璃幕墙形式

图 10-2 玻璃幕墙常见形式

参照国家标准《建筑装饰装修工程验收规范》GB 50210-2001 和现行行业标准《玻璃幕墙工程技术规范》JGJ 102 确定玻璃幕墙工程的主控项目和一般项目。

10.2.1 主控项目

（1）玻璃幕墙工程所用材料、构件和组件质量；应符合设计要求及国家现行产品标准和工程技术规范的规定。

检验方法：检查材料、构件、组件的产品合格证书、进场验收记录、性能检测报告和材料的复验报告。

（2）玻璃幕墙的造型和立面分格；应符合设计要求。

检验方法：观察；尺量检查。如图10-3所示。

图10-3 观察、尺量检查幕墙立面分格

（3）玻璃幕墙主体结构上的埋件；主体结构的预埋件和后置埋件的位置、数量、规格尺寸及槽式预埋件、后置埋件的拉拔力应符合设计要求。

检验方法：观察；检查进场验收记录、隐蔽工程验收记录；槽型预埋件、后置埋件的拉拔试验检测报告。如图10-4所示。

注：为了保证幕墙与主体结构连接牢固可靠，幕墙与主体结构连接的预埋件应在主体结构施工时，按设计要求的数量，位置和方法进行埋设，埋设位置应正确。

图10-4 支座与预埋件位置有误差

（4）玻璃幕墙连接安装质量；玻璃幕墙构架与主体结构预埋件或后置埋件的连接、幕墙构件之间的连接位置、面板连接件与面板的连接、面板连接件与幕墙构架的连接、安装应可靠并符合设计要求。如图10-5所示。

检验方法：手扳检查；检查隐蔽工程验收记录和施工记录。

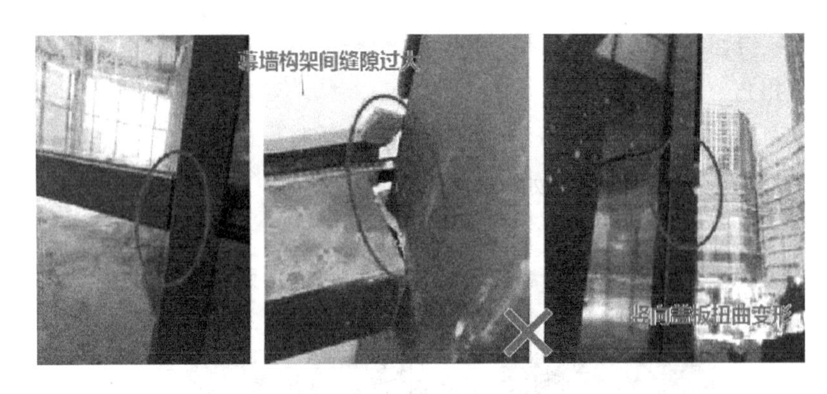

图 10-5　幕墙构架间连接缝隙过大，部分竖向盖板安装扭曲变形

（5）隐框或半隐框玻璃幕墙玻璃托条：隐框或半隐框幕墙玻璃板块组件，每块玻璃下端应设置两个铝合金或不锈钢托条，其长度不应小于 100mm，厚度不应小于 2mm，托条外端应低于玻璃外表面 2mm；玻璃板块组件必须安装牢固，固定点间距应符合设计要求且不宜大于 300mm，不得采用自攻螺钉固定玻璃板块组件。检查情况如图 10-6 所示。

图 10-6　幕墙中空玻璃安装，玻璃压缝处的玻璃压块放置太少，间距过大，超过 300mm 的规范要求，为不合格

检验方法：观察，检查施工记录。

（6）明框玻璃幕墙的玻璃安装质量：

1）玻璃槽口与玻璃的配合尺寸应符合设计要求和《建筑玻璃应用技术规程》JGJ 113 的规定。

2）玻璃与构件不得直接接触，玻璃与凹槽底部应保持一定的空隙，每块玻璃下部应至少放置两块宽度与槽口宽度相同、长度不小于 100mm、厚度不小于 5mm 的弹性垫块；弹性垫块位置应使玻璃处于良好受力状态。

3）玻璃四周橡胶条应采用三元乙丙橡胶、氯丁橡胶、硅橡胶等热塑性胶条，橡胶条的型号应符合设计要求，镶嵌应平整、严密。如图 10-7 所示。

检验方法：观察，尺量检查；检查施工记录。

图 10-7　幕墙玻璃压板处防水胶条镶嵌欠密实平整

（7）吊挂在主体结构上的全玻璃幕墙吊夹具和玻璃接缝密封。

检验方法：观察，检查隐蔽工程验收记录和施工记录。

（8）玻璃幕墙节点、各种变形缝、墙角的连接点；玻璃幕墙节点、各种结构变形缝、墙角的连接点应符合设计要求。幕墙四周、墙角、内表面与主体结构之间的连接节点、各种变形缝应符合设计要求和《玻璃幕墙工程技术规范》JGJ 102 的规定。

检验方法：观察；检查隐蔽工程验收记录和施工记录。

（9）玻璃幕墙的防火、保温、防潮材料的设置；玻璃幕墙的防火、保温材料的设置应符合设计要求，填充应密实、均匀、厚度一致。防火层的厚度不应小于 100mm；防火层的材料应用矿棉等难燃材料；防火层的衬板应采用厚度不小于 1.5mm 的镀锌钢板，不得采用铝板；防火层的密封材料应采用防火密封胶。

检验方法：观察；检查隐蔽工程验收记录。检测内容及方法如图 10-8、图 10-9 所示。

图 10-8　在梁上和梁下均设防火棉

图 10-9　防火棉上再刷一道红色的防潮防腐涂料

（10）玻璃幕墙防水效果；玻璃幕墙的水密性应符合设计要求。

检测方法：在易渗漏水部位进行淋水试验或核查淋水试验记录，淋水试验方法按《建筑幕墙》GB/T 21086 附录 D 进行。

（11）金属框架和连接件的防腐处理；

检验方法：检查隐蔽工程验收记录。检测情况如图 10-10 所示。

注：施工过程中如将预埋件的防腐层损坏，应按设计要求重新对其进行防腐处理。

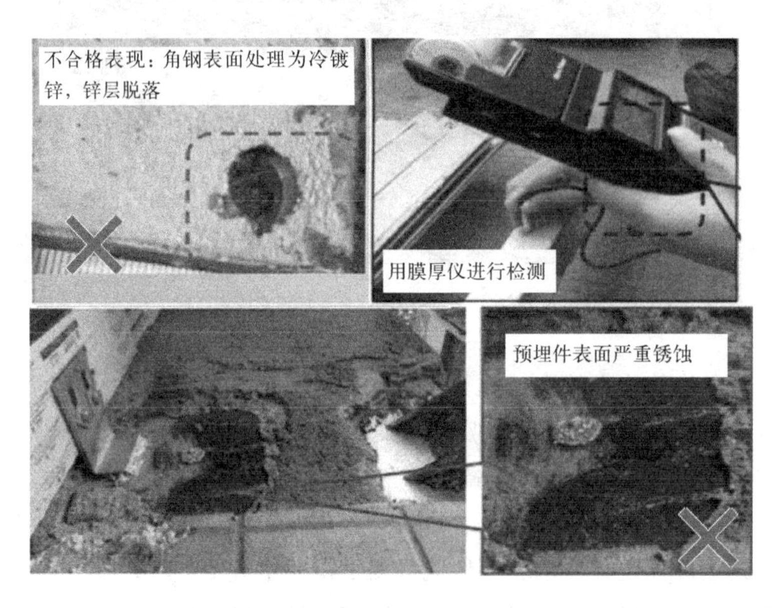

图 10-10　金属框架及连接件的防腐处理检验，预埋件表面没进行防腐处理为不合格

（12）玻璃幕墙开启窗的配件安装质量；开启窗的配件应齐全，安装应牢固，挂钩式开启窗应有防脱落措施；安装位置和开启方向应正确、开启角度不宜大于 30°，开启距离不宜大于 300mm。定位应可靠、开启应灵活、关闭应严密。检验方法：观察；手扳检查；开启和关闭检查。

（13）玻璃幕墙防雷。玻璃幕墙的金属构架应与主体防雷装置可靠接通，并符合设计要求。

检验方法：观察；检查隐蔽工程验收记录和施工记录。

10.2.2　一般项目

（1）玻璃幕墙表面质量；幕墙表面应平整、洁净，整幅玻璃的色泽应均匀一致；不得有污染和镀膜破坏。

检验方法：观察。

（2）玻璃和铝合金型材的表面质量；铝合金型材表面不应有铝屑、毛刺、油污或其他污迹，连接处不应有外溢的胶粘剂，没有明显的色差、划伤、擦伤、碰伤等缺陷。

检查方法：观察。

每平方米玻璃的表面质量和检验方法应符合表 10-1 的规定。

每平方米玻璃的表面质量和检验方法　　表 10-1

项次	项目	质量要求	检验方法
1	明显划伤和长度＞100mm 的轻微划伤	不允许	观察
2	长度≤100mm 的轻微划伤	≤8 条	用金属直尺检查
3	擦伤总面积	≤500mm²	用金属直尺检查

一个分格铝合金型材的表面质量和检验方法应符合表 10-2 的规定。

一个分格铝合金型材的表面质量和检验方法　　表 10-2

项次	项目	质量要求	检验方法
1	明显划伤和长度＞100mm 的轻微划伤	不允许	观察
2	长度≤100mm 的轻微划伤	≤2 条	用金属直尺检查
3	擦伤总面积	≤500mm²	用金属直尺检查

（3）明框玻璃幕墙的外露框或压条；明框玻璃幕墙的外露框料或装饰压条应横平竖直，颜色、规格应符合设计要求，压条安装应牢固。

检验方法：观察；手扳检查；检查进场验收记录。检测方法如图 10-11 所示。

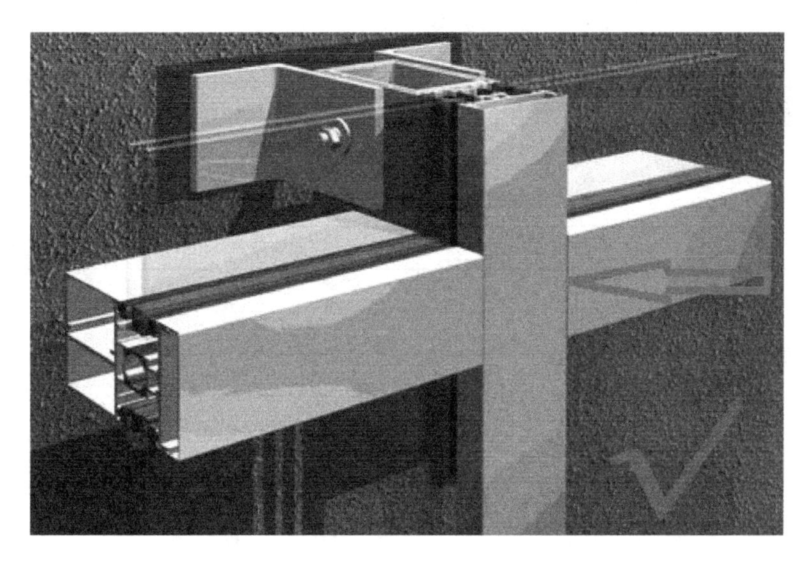

图 10-11　观察幕墙外露框与压条横平竖直为合格

（4）玻璃幕墙拼缝；单元玻璃幕墙的单元接缝或隐框玻璃的分格玻璃接缝应光滑顺直、均匀一致。

检验方法：观察；手扳检查；检查进场验收记录。检测方法如图 10-12 所示。

图 10-12　幕墙分格接隙不顺直为不合格

（5）玻璃幕墙板缝注胶；玻璃幕墙的密封胶缝应平横竖直、深浅一致、宽窄均匀、光滑顺直。

检验方法：观察；手摸检查。

（6）玻璃幕墙隐蔽节点的遮封；玻璃幕墙隐蔽节点的遮封装修牢固、整齐、美观。

检验方法：观察；手扳检查。

（7）玻璃幕墙安装偏差。

1）明框玻璃幕墙安装的允许偏差和检验方法应符合表 10-3 的规定。相关项目检测如图 10-13、图 10-14 所示。

明框玻璃幕安装的允许偏差和检验方法　　表 10-3

项次	项目		允许偏差（mm）	检验方法
1	幕墙垂直度	幕墙高度≤ 30m	10.0	经纬仪检查
		30m< 幕墙高度≤ 60m	15.0	
		60m< 幕墙高度≤ 90m	20.0	
		幕墙高度＞ 90m	25.0	
2	幕墙水平度	幕墙幅宽≤ 35m	5.0	用水平仪检查
		幕墙幅宽 >35m	7.0	
3	构件直线度		2.0	用 2m 靠尺和塞尺检查
4	构件水平度	构件长度≤ 2m	2.0	用水平仪检查
		构件长度 >2m	3.0	
5	相邻构件错位		1.0	用金属直尺检查
6	分格框对角线长度差	对角线长度≤ 2m	3.0	用金属直尺检查
		对角线长度 >2m	4.0	

2）隐框、半隐框玻璃幕墙安装的允许偏差和检验方法应符合表 10-4 的规定。

隐框、半隐框玻璃幕墙安装的允许偏差和检验方法　　表 10-4

项次	项目		允许偏差（mm）	检验方法
1	幕墙垂直度（幕墙高度 H）	$H \leqslant 30$m	10.0	用经纬仪检查
		30m<$H \leqslant 60$m	15.0	
		60m<$H \leqslant 90$m	20.0	
		90m<$H \leqslant 150$m	25.0	
2	幕墙水平度	层高≤ 3m	3.0	用水平仪检查
		层高 >3m	5.0	
3	幕墙表面平整度		2.0	用 2m 靠尺和塞尺检查
4	板材立面垂直度		2.0	用 2m 靠尺和塞尺检查
5	板材上沿水平度		2.0	用 2m 靠尺和塞尺检查
6	相邻板材板角错位		1.0	观察
7	阳角方正		2.0	金属直尺检查
8	接缝直线度		3.0	用 2m 靠尺和塞尺检查
9	接缝高低差		1.0	金属直尺检查
10	接缝宽度		1.0	金属直尺检查

3）点支承玻璃幕墙安装的允许偏差和检验方法应符合表 10-5 的规定。

点支承玻璃幕墙安装的允许偏差和检验方法　　表 10-5

项目		允许偏差（mm）	检验方法
竖缝及墙面垂直度	高度不大于 30m	10.0	激光仪或经纬仪
	高度大于 30m 但不大于 50m	15.0	
平面度		2.5	2m 靠尺、金属直尺
接缝直线度		2.5	2m 靠尺、金属直尺
接缝宽度		2.0	卡尺
接缝高低差		1.0	塞尺

4）单元式玻璃幕墙安装的允许偏差和检验方法应符合表 10-6 的规定。

单元式玻璃幕墙安装的允许偏差和检验方法　　表 10-6

项目		允许偏差（mm）	检验方法
墙面垂直度（幕墙高度 H）	$H \leqslant 30m$	10.0	经纬仪
	$30m<H \leqslant 60m$	15.0	
	$60m<H \leqslant 90m$	20.0	
	$90m<H \leqslant 150m$	25.0	
	$H > 150m$	30.0	
墙面平面度		2.5	2m 靠尺
竖缝直线度		2.5	2m 靠尺
横缝直线度		2.5	2m 靠尺
单元间接缝宽度（与设计值比）		2.0	金属直尺
相邻两单元接缝面板高低差		1.0	深度尺
单元对插配合间隙（与设计值比）		+1.0 0	金属直尺
单元对插搭接长度		1.0	金属直尺

图 10-13　用经纬仪测幕墙垂直度

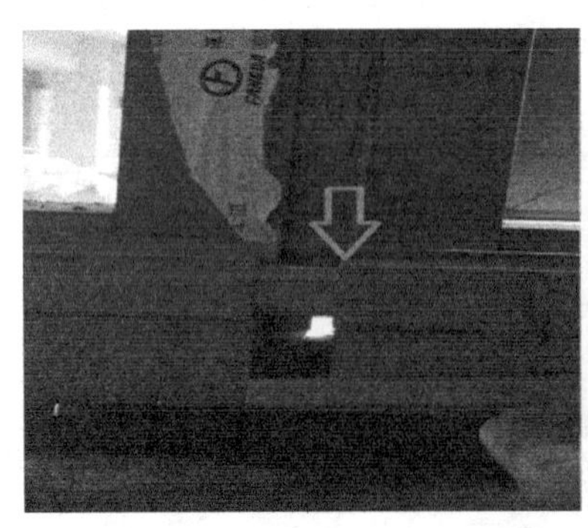

图 10-14　用金属直尺检测竖框间距，直尺检查 12mm 的间距，右图控制在 10mm 间距

10.3 金属幕墙工程质量检测与验收

适用于建筑高度不大于150m的金属幕墙工程的质量验收。金属面前的常见形式如图10-15所示。

图10-15 常见金属幕墙形式示例

参照国家标准《建筑装饰装修工程验收规范》GB 50210和现行行业标准《金属与石材幕墙工程技术规范》JGJ 133确定金属幕墙工程的主控项目和一般项目。

10.3.1 主控项目

（1）金属幕墙工程所用材料和配件质量：金属幕墙工程所用材料和配件，应符合设计要求及国家现行产品标准和工程技术规范的规定。

检验方法：检查产品合格证书、性能检测报告、材料进场验收记录和复验报告。

（2）金属幕墙的造型、立面分格、颜色、光泽、花纹和图案应符合设计要求。

检验方法：观察；尺量检查。

（3）金属幕墙主体结构上的埋件：金属幕墙主体结构的预埋件和后置埋件的数量、位置及后置埋件的拉拔力必须符合设计要求。

检验方法：检查拉拔力检测报告和隐蔽工程验收记录。

（4）金属幕墙连接安装质量：金属幕墙的金属框架立柱与主体结构预埋件的连接、立柱与横梁的连接、金属面板的安装必须符合设计要求，安装必须牢固。

检验方法：手扳检查；检查隐蔽工程验收记录。

（5）金属幕墙的防火、保温、防潮材料的设置：金属幕墙的防火、保温、防潮材料的设置应符合设计要求，并应密实、均匀、厚度一致。

检验方法：检查隐蔽工程验收记录。

（6）金属框架和连接件的防腐处理：金属框架和连接件的防腐处理应符合设计要求。

检验方法：检查隐蔽工程验收记录和施工记录。

（7）金属幕墙防雷：金属幕墙的防雷装置必须与主体结构的防雷装置可靠连接。

检验方法：检查隐蔽工程验收记录。

（8）变形缝、墙角的连接节点；各种变形缝、墙角的连接节点应符合设计要求和技术标准的规定。

检验方法：观察；检查隐蔽工程验收记录。

（9）金属幕墙防水效果。金属幕墙应无渗漏。

检验方法：在易渗漏的部位进行淋水检查。

10.3.2 一般项目

（1）金属幕墙表面质量；金属幕墙表面应平整、洁净、色泽一致。

检验方法：观察。检测结果如图 10-16 所示。

图 10-16　金属板安装不平为不合格

（2）金属幕墙的压条安装质量；金属幕墙的压条应平直、洁净、接口严密、安装牢固。

检验方法：观察；手扳检查。

（3）金属幕墙板缝注胶；金属幕墙的密封胶缝应横平竖直、深浅一致、宽窄均匀、光滑顺直。

检验方法：观察。

（4）金属幕墙流水坡向和滴水线；金属幕墙上的滴水线、流水坡向应正确、顺直。

检验方法：观察；用水平尺检查。

（5）金属板表面质量；金属板表面质量与检验方法应符合表 10-7 的规定。

每平方米金属板的表面质量和检验方法　　表 10-7

项次	项目	质量要求	检验方法
1	明显划伤和长度＞ 100mm 的轻微划伤	不允许	观察
2	长度≤ 100mm 的轻微划伤	≤ 8 条	用金属直尺检查
3	擦伤总面积	≤ $500mm^2$	用金属直尺检查

（6）金属幕墙安装偏差。

金属幕墙安装的允许偏差与检验方法应符合表 10-8 的规定。

金属幕安装的允许偏差和检验方法　　表 10-8

项次	项目		允许偏差（mm）	检验方法
1	幕墙垂直度	幕墙高度≤ 30m	10.0	用经纬仪检查
		30m< 幕墙高度≤ 60m	15.0	
		60m< 幕墙高度≤ 90m	20.0	
		幕墙高度＞ 90m	25.0	
2	幕墙水平度	幕墙幅宽≤ 3m	3.0	用水平仪检查
		幕墙幅宽 >3m	5.0	
3	幕墙表面平整度		2.0	用 2m 靠尺和塞尺检查
4	板材立面垂直度		3.0	用垂直检测尺检查
5	板材上沿水平度		2.0	用 1m 水平尺和金属直尺检查
6	相邻板材板角错位		1.0	用金属直尺检查
7	阳角方正		2.0	用直角检测尺检查
8	接缝直线度		3.0	拉 5m 线，不足 5m 拉通线，用金属直尺检查
9	接缝高低差		1.0	用金属直尺和塞尺检查
10	接缝宽度		1.0	用金属直尺检查

10.4　石材幕墙工程质量检测与验收

适用于建筑高度不大于 100m、抗震设防烈度不大于 8 度的石材幕墙工程的质量验收。

参照国家标准《建筑装饰装修工程验收规范》GB 50210-2001 和现行行业标准《金属与石材幕墙工程技术规范》JGJ 133 确定石材幕墙工程的主控项目和一般项目。常见石材幕墙形式如图 10-17 所示。

图 10-17　常见石材幕墙示例

10.4.1　主控项目

（1）石材幕墙工程所用材料质量：石材幕墙工程所用材料的品种、规格、性能和等级，应符合设计要求及国家现行产品标准和工程技术规范的规定。石材的弯曲强度不应小于 8.0MPa；吸水率应小于 0.8%。石材幕墙的铝合金挂件厚度不应小于 4.0mm，不锈钢挂件厚度不应小于 3.0mm。

检验方法：观察；尺量检查；检查产品合格证书、性能检测报告、材料进场验收记录和复验报告。

（2）石材幕墙的造型、立面分格、颜色、光泽、花纹和图案：石材幕墙的造型、立面分格、颜色、光泽、花纹和图案应符合设计要求。

检验方法：检查进场验收记录或施工记录。

（3）石材孔、槽加工质量：石材孔、槽的数量、深度、位置、尺寸应符合设计要求。

检验方法：检查进场验收记录或施工记录。

（4）石材幕墙主体结构上的埋件：石材幕墙主体结构的预埋件和后置埋件的数量、位置及后置埋件的拉拔力必须符合设计要求。

检验方法：检查拉拔力检测报告和隐蔽工程验收记录。

（5）石材幕墙连接安装质量：石材幕墙的金属框架立柱与主体结构预埋件的连接、立柱与横梁的连接、连接件与金属框架的连接、连接件与石材面板的连接必须符合设计要求，安装必须牢固。

检验方法：手扳检查；检查隐蔽工程验收记录。

（6）金属框架和连接件的防腐处理：金属框架和连接件的防腐处理应符合设计要求。

检验方法：检查隐蔽工程验收记录。

(7) 石材幕墙的防雷；石材幕墙的防雷装置必须与主体结构防雷装置可靠连接。

检验方法：观察；检查隐蔽工程验收记录和施工记录。

(8) 石材幕墙的防火、保温、防潮材料的设置；石材幕墙的防火、保温、防潮材料的设置应符合设计要求，填充应密实、均匀、厚度一致。

检验方法：检查隐蔽工程验收记录。

(9) 变形缝、墙角的连接节点；各种结构变形缝、墙角的连接节点应符合设计要求和技术标准的规定。

检验方法：检查隐蔽工程验收记录和施工记录。

(10) 石材表面和板缝的处理；石材表面和板缝的处理应符合设计要求。

检验方法：观察。

(11) 有防水要求的石材幕墙防水效果。石材幕墙应无渗漏。

检验方法：在易渗漏的部位进行淋水检查。

10.4.2 一般项目

(1) 石材幕墙表面质量；石材幕墙表面应平整、洁净，无污染、缺损和裂痕。颜色和花纹应协调一致，无明显色差，无明显修痕。

检验方法：观察。检查情况如图 10-18、图 10-19 所示。

图 10-18　幕墙石材存在色差为不合格

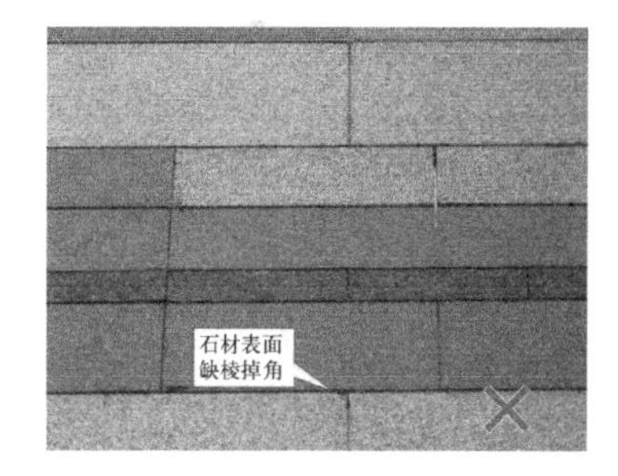

图 10-19　幕墙石材缺损为不合格

(2) 石材幕墙的压条安装质量；石材幕墙的压条应平直、洁净、接口严密、安装牢固。

检验方法：观察；手扳检查。

(3) 石材接缝、阴阳角、凸凹线、洞口、槽；石材接缝应横平竖直、宽窄均匀；阴阳角石板压向应正确，板边合缝应顺直；凹凸线出墙厚度应一致，上下口应平直；石材面板上洞口、槽边应套割吻合，边缘应整齐。

检验方法：观察；尺量检查。检查情况如图 10-20 所示。

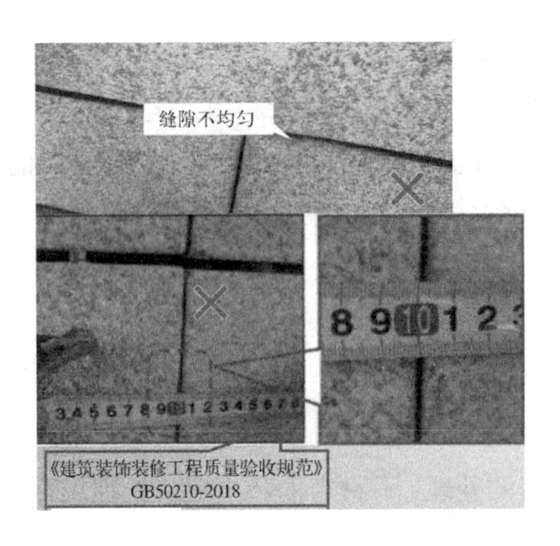

图 10-20　石材接缝不均匀为不合格

（4）石材幕墙板缝注胶；石材幕墙的密封胶缝应横平竖直、深浅一致、宽窄均匀、光滑顺直。

检验方法：观察。

（5）石材幕墙流水坡向和滴水线；石材幕墙的滴水线、流水坡向应正确、顺直。

检验方法：观察；用水平尺检查。

（6）石材表面质量；每平方米石材的表面质量与检验方法应符合表 10-9 的规定。

每平方米石材的表面质量和检验方法　　表 10-9

项次	项目	质量要求	检验方法
1	裂痕、明显划伤和长度＞100mm 的轻微划伤	不允许	观察
2	长度≤100mm 的轻微划伤	≤8 条	用金属直尺检查
3	擦伤总面积	≤500mm²	用金属直尺检查

（7）石材幕墙安装偏差。

石材幕墙安装的允许偏差与检验方法应符合表 10-10 的规定。

石材幕墙安装的允许偏差和检验方法　　表 10-10

项次	项目		允许偏差（mm）		检验方法
			光面	麻面	
1	幕墙垂直度	幕墙高度≤30m	10.0		用经纬仪检查
		30m＜幕墙高度≤60m	15.0		
		60m＜幕墙高度≤90m	20.0		
		幕墙高度＞90m	25.0		

续表

项次	项目	允许偏差（mm）		检验方法
		光面	麻面	
2	幕墙水平度	3.0		用水平仪检查
3	板材立面垂直度	3.0		用水平仪检查
4	板材上沿水平度	2.0		用 1m 水平尺和金属直尺检查
5	相邻板材板角错位	1.0		用金属直尺检查
6	幕墙表面平整度	2.0	3.0	用垂直检测尺检查
7	阳角方正	2.0	4.0	用直角检测尺检查
8	接缝直线度	3.0	4.0	拉 5m 线，不足 5m 拉通线，用金属直尺检查
9	接缝高低差	1.0	—	用金属直尺和塞尺检查
10	接缝宽度	1.0	2.0	用金属直尺检查

10.5 人造板材幕墙工程质量检测与验收

参照国家标准《建筑装饰装修工程验收规范》GB 50210-2001 和现行行业标准《人造板材幕墙工程技术规范》JGJ 336 确定人造板材幕墙工程的主控项目和一般项目。常见人造板材幕墙形式见图 10-21 所示。（更多人造板材幕墙实例图片扫描二维码 10-1 可见）

二维码 10-1

图 10-21　常见人造板材幕墙示例

10.5.1 主控项目

（1）人造板材幕墙工程所使用的材料、构件和组件的质量：应符合设计要求及国家现行产品标准的规定。

检验方法：检查材料、构件、组件的产品合格证书、进场验收记录和本规范第10.1.2条中所规定的材料力学性能复验报告。

（2）人造板材幕墙工程的造型、立面分格、颜色、光泽、花纹和图案：应符合设计要求。

检验方法：观察；尺量检查。

（3）人造板材幕墙主体结构上的埋件：人造板材幕墙主体结构上的埋件和后置埋件的位置、数量、规格尺寸及后置埋件、槽式预埋件的拉拔力应符合设计要求。

检验方法：检查进场验收记录、隐蔽工程验收记录；槽式预埋件、后置埋件的拉拔试验检测报告。

（4）人造板材幕墙连接安装质量：幕墙构架与主体结构预埋件或后置埋件以及幕墙构件之间连接应牢固可靠。

检验方法：手扳检查；检查隐蔽工程验收记录。

（5）金属框架和连接件的防腐处理：金属框架和连接件的防腐处理应符合设计要求。

检验方法：检查隐蔽工程验收记录。

（6）人造板材幕墙防雷：幕墙的金属构架应与主体防雷装置可靠接通，并符合设计要求。

检验方法：观察；检查隐蔽工程验收记录。

（7）人造板材幕墙的防火、保温、防潮材料的设置：幕墙的防火、保温、防潮材料的设置应符合设计要求，填充应密实、均匀、厚度一致。

检验方法：观察；检查隐蔽工程验收记录。

（8）变形缝、墙角的连接节点：各种结构变形缝、墙角的连接节点应符合设计要求。

检验方法：检查隐蔽工程验收记录和施工记录。

（9）有防水要求的人造板材幕墙防水效果。有水密性能要求的幕墙应无渗漏。

检验方法：检查现场淋水记录。

10.5.2 一般项目

（1）人造板材幕墙表面质量：幕墙表面应平整、洁净，无污染，颜色基本一致。不得有缺角、裂纹、裂缝、斑痕等不允许的缺陷。瓷板、陶板的施釉表面不得有裂纹和龟裂。

检验方法：观察；尺量检查。

（2）板缝：板缝应平直，均匀。注胶封闭式板缝注胶应饱满、密实、连续、均匀、无气泡，深浅基本一致、缝宽基本均匀、光滑顺直，胶缝的宽度和厚度应符合设计要求；胶条封闭式板缝的胶条应连续、均匀、安装牢固、无脱落，板缝宽度应符合设计要求。

检验方法：观察；尺量检查。

（3）人造板材幕墙流水坡向和滴水线：滴水线宽窄均匀、光滑顺直，流水坡向符合设计要求。

检验方法：观察。

（4）人造板材表面质量：幕墙面板的表面质量和检验方法应符合表10-11～表10-14的规定。

单块瓷板、陶板、微晶玻璃幕墙面板的表面质量和检验方法　　表10-11

项次	项目	质量要求			检查方法
		瓷板	陶板	微晶玻璃	
1	缺棱：长度 × 宽度不大于10mm×1mm（长度小于5mm不计）周边允许（处）	1	1	1	金属直尺
2	缺角：边长不大于5mm×2mm（边长小于2mm×2mm不计）（处）	1	2	1	金属直尺
3	裂纹（包括隐裂、釉面龟裂）	不允许	不允许	不允许	目测观察
4	窝坑（毛面除外）	不明显	不明显	不明显	目测观察
5	明显擦伤、划伤	不允许	不允许	不允许	目测观察
6	轻微划伤	不明显			目测观察

注：目测观察，是指距板面3m处肉眼观察。

每平方米石材蜂窝板幕墙面板的表面质量和检验方法　　表10-12

项次	项目	质量要求	检查方法
1	缺棱：最大长度≤8mm，最大宽度≤1mm，周边每米长允许（处）（长度＜5mm，宽度＜1.0mm不计）	1	金属直尺
2	缺角：最大长度≤4mm，最大宽度≤2mm，每块板允许（处）（长度、宽度＜2mm，不计）	1	金属直尺
3	裂纹	不允许	目测
4	划伤	不明显	目测观察
5	擦伤	不明显	目测观察

注：目测观察，是指距板面3m处肉眼观察。

单块木纤维板幕墙面板的表面质量和检验方法　　表 10-13

项次	项目	质量要求	检查方法
1	缺棱、缺角	不允许	目测观察
2	裂纹	不允许	目测观察
3	表面划痕：长度不大于 10mm，宽度不大于 1mm 每块板允许（处）	2	金属直尺
4	轻微擦痕：长度不大于 5mm，宽度不大于 2mm 每块板允许（处）	1	目测观察

注：目测观察，是指距板面 3m 处肉眼观察。

纤维水泥板幕墙面板的表面质量和检验方法　　表 10-14

项次	项目		质量要求	检查方法
1	缺棱：长度 × 宽度不大于 10mm×3mm（长度小于 5mm 不计）周边允许（处）		2	金属直尺
2	缺角：边长 6mm×3mm（边长 2mm×2mm 不计）（处）		2	金属直尺
3	裂纹、明显划伤、长度大于 100mm 的轻微划伤		不允许	目测观察
4	长度≤ 100mm		每平方米≤ 8 条	金属直尺
5	擦伤总面积		每平方米≤ $500mm^2$	金属直尺
6	窝坑（背面除外）	光面板	不明显	目测观察
		有表面质感等特殊装饰效果板	符合设计要求	

注：目测观察，是指距板面 3m 处肉眼观察。

（5）人造板材幕墙安装偏差。

幕墙的安装质量检验应在风力小于 4 级时进行，幕墙的安装质量和检验方法应符合表 10-15 的规定。

人造板材幕墙安装质量和检验方法　　表 10-15

项次	项目	尺寸范围	允许偏差（mm）	检验方法
1	相邻立柱间距尺寸（固定端）	—	±2.0	金属直尺
2	相邻两横梁间距尺寸	≤ 2000mm	±1.5	金属直尺
		> 2000mm	±2.0	金属直尺
3	单个分格对角线长度差	长边边长≤ 2000mm	±3.0	金属直尺或伸缩尺
		长边边长> 2000mm	±3.5	金属直尺或伸缩尺
4	立柱、竖缝及墙面的垂直度	幕墙总高度≤ 30m	10.0	激光仪或经纬仪
		幕墙总高度≤ 60m	15.0	
		幕墙总高度≤ 90m	20.0	
		幕墙总高度≤ 150m	25.0	
		幕墙总高度> 150m	30.0	
5	立柱、竖缝直线度	—	2.0	2.0 靠尺、塞尺

续表

项次	项目	尺寸范围	允许偏差（mm）	检验方法
6	立柱、墙面的平面度	相邻两墙面	2.0	激光仪或经纬仪
		一幅幕墙总宽度≤ 20m	5.0	
		一幅幕墙总宽度≤ 40m	7.0	
		一幅幕墙总宽度≤ 60m	9.0	
		一幅幕墙总宽度≤ 80m	10.0	
7	横梁水平度	横梁长度≤ 2000mm	1.0	水平仪或水平尺
		横梁长度＞ 2000mm	2.0	
8	同一标高横梁、横缝的高度差	相邻两横梁、面板	1.0	金属直尺、塞尺或水平仪
		一幅幕墙幅宽≤ 35m	5.0	
		一幅幕墙幅宽＞ 35m	7.0	
9	缝宽度（与设计值比较）	—	±2.0	游标卡尺

注：一幅幕墙是指立面位置或平面位置不在一条直线或连续弧线上的幕墙。

【项目实施】

1. 任务分配

根据幕墙工程质量检测的要求，完成实训室玻璃幕墙和石材幕墙样板间的质量检测项目任务。

劳动组织形式：学生 4 ～ 5 人为一个工作小组，采用组长负责制，负责分配任务、制定项目实施方案，并协助教师在项目实施过程中指导学生，检查督促任务进展及质量，有问题与组员一起商讨解决，并及时汇报教师，以共同顺利完成项目任务。组长安排一名学生资料员，负责记录整理和及时上交本组任务相关资料的工作。项目任务分配扫描二维码 1 可见。

二维码 1

2. 任务准备

（1）项目任务检测前，认真熟悉幕墙工程质量检测的相关规定；

（2）熟悉施工项目的图纸；

（3）正确使用经过校验合格的检测和测量工具；

(4) 准备好幕墙工程检验批质量验收记录表等技术文件表格；

(5) 项目任务完成后，清点工具并归还实训中心仓库管理教师；填写工具设备使用情况；清理场地搞好卫生。

3. 检测实施

玻璃幕墙工程、石材幕墙工程、金属幕墙工程质量检测分主控项目和一般项目，检测内容、抽查数量和方法如下。

(1) 主控项目

玻璃幕墙工程的主控项目质量检测主要按照《建筑装饰装修工程质量验收标准》GB 50210-2018，11.2.1 条规定；金属幕墙工程按照 11.3.1 条规定；石材幕墙工程按照 11.4.1 条规定；人造板幕墙工程按照 11.5.1 条规定；幕墙工程的质量检测所用检测工具的正确使用及操作方法详见项目 2——装饰工程质量检测与验收常用工具仪器及使用。

(2) 一般项目

玻璃幕墙工程的一般项目主要按照《建筑装饰装修工程质量验收标准》GB 50210-2018，11.2.2 的规定；金属幕墙工程按照 11.3.2 条规定；石材幕墙工程按照 11.4.2 条规定；人造板幕墙工程按照 11.5.2 条规定；幕墙工程的质量检测所用检测工具的正确使用及操作方法，详见项目 2——装饰工程质量检测与验收常用工具仪器及使用。

4. 填写幕墙工程检验批质量验收记录表

按照检验批表格要求来绘制幕墙工程施工检验批质量验收表，填写检测项目，记录检测数值，正确填写验收意见。

在项目任务实施过程中，学生资料员负责管理、填写、收集，验收工程技术文件，并做好整理、管理、保存、存档的工作。

5. 项目评价

在上述任务实施中，按时间、质量、安全、文明环保评分，先自评，在自评的基础上，由本组的同学互评，最后由教师进行总结评定。可参照表 3-11。

项目实践任务考核评价（扫描二维码 2 可见项目任务考核评价表），可参照项目 3——抹灰工程质量检测与验收中表 3-11 项目实践任务考核评价表的格式及内容。

二维码 2

【项目拓展】

建筑幕墙的气密性能、水密性能、抗风压性能及层间变形性能的检验。

1．气密性能检测

通过试验检测，确定幕墙检测试件在风压作用下，幕墙可开启部分处于关闭状态时的可开启部分以及幕墙整体阻止空气渗透的能力。气密性能指标的大小直接影响的是幕墙的节能和隔声性能。检测如图 10-22 所示。

图 10-22　气密性检测

2．水密性能检测

通过试验检测，确定幕墙检测试件在可开启部分为关闭状态时，在风雨同时作用下，阻止雨水渗漏的能力。水密性能指标表征的是建筑幕墙的舒适性能。检测如图 10-23 所示。

图 10-23　水密性检测漏水

3．抗风压性能检测

通过试验检测，确定幕墙检测试件在可开启部分处于关闭状态时，在风压作用下，幕墙变形不超过允许值且不发生结构损坏（如裂缝、面板破损、局部屈服、粘接失效等）及五金件松动、开启困难等功能障碍的能力。抗风压性能指标表征的是建筑幕墙的安全性能。检测如图 10-24 所示。

图 10-24　抗风压测试后玻璃框架破损

4．平面内变形能力检测

通过试验检测，确定幕墙检测试件在楼层反复变位作用下保持其墙体及连接部位不发生危及人身安全的破坏的平面内变形能力。平面内变形能力指标是用平面内层间位移角进行度量。

【能力测试】

知识题作业（答案见二维码 10-2）

二维码 10-2

1．填空题

1.1 对于异形或有特殊要求的幕墙工程，应根据幕墙的结构、工艺特点检验数量的确定由（　　　　　　　　　　　　　　　　　）协商确定。

1.2 幕墙工程验收时应检查封闭式幕墙的（　　　　　　　　　　　　）检验报告；

1.3 幕墙工程应对石材、瓷板、陶板、微晶玻璃板、木纤维板、纤维水泥板和石材蜂窝板的（　　　　）；严寒、寒冷地区石材、瓷板、陶板、纤维水泥板和石材蜂窝板的（　　　）；室内用花岗石的（　　　）指标进行复验。

1.4 幕墙结构中不同金属材料接触时应采用（　　　）分隔。

1.5 硅酮结构密封胶的注胶应在（　　　　　　　）进行，且（　　　　　　　）条件应符合结构胶产品的使用规定。

2．判断题

2.1 玻璃幕墙验收适用于建筑高度不大于 150m、抗震设防烈度不大于 8 度的玻璃幕墙的质量验收。（　）

2.2 目前石材幕墙的验收参照国家标准《建筑装饰装修工程验收规范》GB 50210-2001 和现行行业标准《金属与石材幕墙工程技术规范》JGJ 133 确定石材幕墙工程的主控项目和一般项目。（　）

2.3 有防水要求的石材幕墙应无渗漏。检验方法为在易渗漏的部位进行淋水检查。（　）

2.4 金属幕墙连接安装质量检查不可以手扳检查。（　）

实践活动作业

1. 活动任务

到学校实训中心，玻璃幕墙饰面展示室，现场做质量检测，并给出检测结果。

2. 活动组织

活动实施中，学生进行分组，学生 4 ～ 5 人组成一个工作小组，组长对每名组员进行任务分配。各小组制定出实施方案及工作计划，组长指导本组学生学习，检查项目进程和质量，制定改进措施，记录整理保存好各种检测技术文件，共同完成项目任务。

3. 活动时间

各组学生根据课余时间，自行组织完成。

4. 活动工具

图集、规范、计算器、铅笔、各种工具，检测仪器。

5. 活动评价

幕墙工程质量检测完成后，编写质检活动报告单，报告单可参见项目 3——抹灰工程质量检测与验收表 3-12 中格式与内容（扫描二维码 3 可见）。

二维码 3

项目11

裱糊与软包工程质量检测与验收

【项目概述】

本项目主要是对裱糊与软包子分部工程的质量要求、检查内容及检查方法，分项工程的划分，质量检验标准、检验批验收记录作出了明确的规定。裱糊与软包工程主要包括裱糊和软包等分项工程。

【学习目标】

通过本项目的学习，你将能够：

1. 熟悉装饰裱糊与软包工程施工质量检测与验收规范；
2. 会运用相关检测仪器和工具对裱糊与软包工程质量检验进行现场检测与检验；
3. 会填写裱糊与软包工程质量检测与验收的相关技术文件，并进行管理、整理、归档等。

【项目任务】

某别墅家居室内，墙面壁纸裱糊与软包工程已完工，需要对工程质量进行检测和验收，我们主要根据掌握的《建筑装饰装修工程质量验收标准》GB 50210-2018及《住宅室内装饰装修工程质量验收规范》JGJ/T 304-2013等规范要求，运用相关检测工具对裱糊与软包工程的适用范围、主控项目、一般项目中的外观质量、允许偏差等方面进行验收和检测。

【学习支持】

1.《建筑装饰装修工程质量验收标准》GB 50210-2018；
2.《住宅室内装饰装修工程质量验收规范》JGJ/T 304-2013；
3.《建筑工程施工质量验收统一标准》GB 50300-2013。

【项目知识】

11.1 裱糊与软包工程一般规定

11.1.1 适用范围

本章适用于聚氯乙烯塑料壁纸、纸质壁纸、墙布等裱糊工程和织物、皮革、人造革等软包工程的质量验收。裱糊与软包常见形式如图 11-1 所示。

(a) 室内壁纸示例

(b) 室内软包示例

(c) 室内壁布示例

图 11-1 裱糊与软包常见形式

11.1.2 验收时应检查以下的资料

(1) 裱糊与软包工程的施工图、设计说明及其他设计文件；
(2) 饰面材料的样板及确认文件；
(3) 材料的产品合格证书、性能检验报告、进场验收记录和复验报告；
(4) 饰面材料及封闭底漆、胶粘剂、涂料的有害物质限量检验报告；
(5) 隐蔽工程验收记录；

（6）施工记录。

11.1.3　软包工程应对木材的含水率及人造木板的甲醛释放量进行复验。

11.1.4　裱糊工程应对基层封闭底漆、腻子、封闭底胶及软包内衬材料进行隐蔽工程验收。

裱糊前，基层处理应达到下列规定：

（1）新建筑物的混凝土抹灰基层墙面在刮腻子前应涂刷抗碱封闭底漆；

（2）粉化的旧墙面应先除去粉化层，并在刮涂腻子前涂刷一层界面处理剂；

（3）混凝土或抹灰基层含水率不得大于 8%，木材基层的含水率不得大于 12%；

（4）石膏板基层，接缝及裂缝处应贴加强网布后再刮腻子；

（5）基层腻子应平整、坚实、牢固，无粉化、起皮、空鼓、酥松、裂缝和泛碱，腻子的粘结强度不得小于 0.3MPa；

（6）基层表面平整度、立面垂直度及阴阳角方正应达到本标准第 4.2.10 条高级抹灰的要求；

（7）基层表面颜色应一致；

（8）裱糊前应用封闭底胶涂刷基层。

11.1.5　同一品种的裱糊或软包工程每 50 间应划分为一个检验批，不足 50 间也应划分为一个检验批，大面积房间和走廊可按裱糊或软包面积每 $30m^2$ 计为 1 间。

11.1.6　检查数量应符合下列规定

（1）裱糊工程每个检验批应至少抽查 5 间，不足 5 间时应全数检查；

（2）软包工程每个检验批应至少抽查 10 间，不足 10 间时应全数检查。

11.2　裱糊工程质量检测与验收

11.2.1　主控项目

（1）壁纸、墙布的种类、规格、图案、颜色和燃烧性能等级应符合设计要求及国家现行标准的有关规定。

检验方法：观察；检查产品合格证书、进场验收记录和性能检验报告。常见检测报告扫描二维码 11-1 可见。

二维码 11-1

（2）裱糊工程基层处理质量应符合本标准第 4.2.5.2 条高级抹灰的要求。

检验方法：检查隐蔽工程验收记录和施工记录。

（3）裱糊后各幅拼接应横平竖直，拼接处花纹、图案应吻合，应不离缝、不搭接、不显拼缝。壁纸对缝拼花要求如图 11-2 所示。

检验方法：距离墙面 1.5m 处观察。

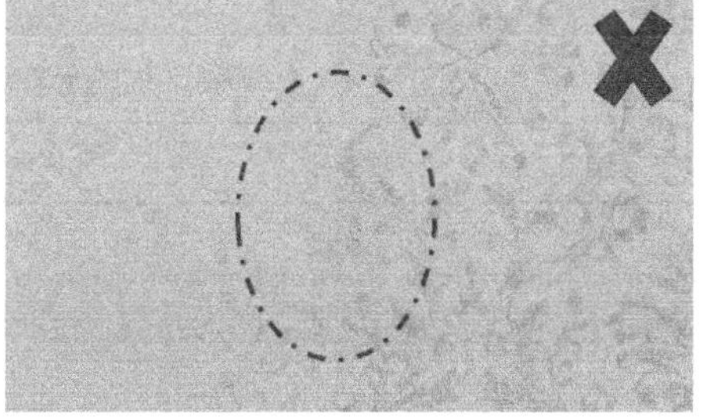

图 11-2 壁纸拼缝对花

（4）壁纸、墙布应粘贴牢固，不得有漏贴、补贴、脱层、空鼓和翘边。

检验方法：观察；手摸检查。

11.2.2 一般项目

（1）裱糊后的壁纸、墙布表面应平整，不得有波纹起伏、气泡、裂缝、皱折；表面色泽应一致，不得有斑污，斜视时应无胶痕。壁纸表面平整度检测同其他饰面，表面洁净要求如图 11-3 所示。

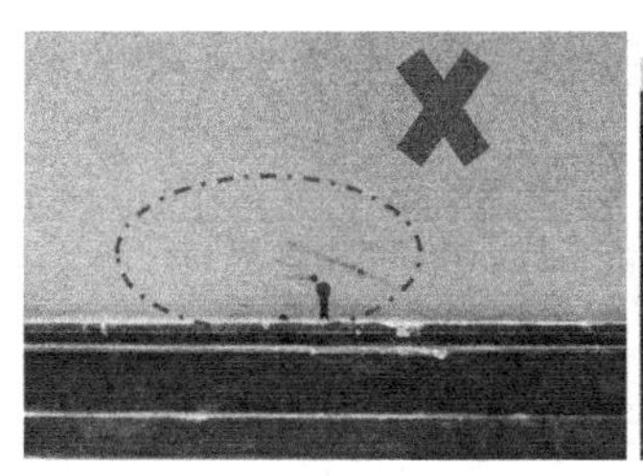

(a)

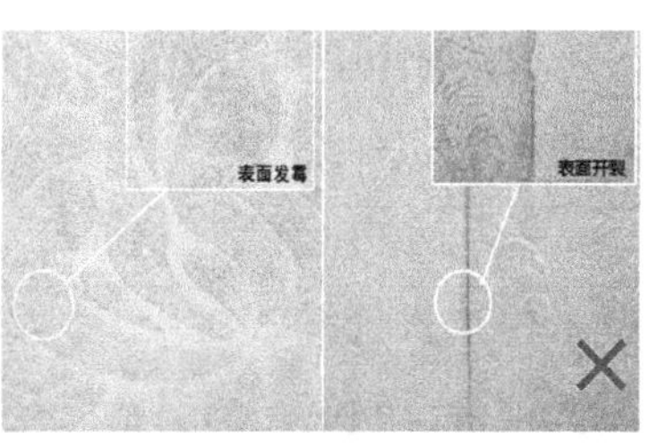

(b)

图 11-3 壁纸表面质量控制

检验方法：观察；手摸检查。

（2）复合压花壁纸和发泡壁纸的压痕或发泡层应无损坏。

检验方法：观察。

（3）壁纸、墙布与装饰线、踢脚板、门窗框的交接处应吻合、严密、顺直。与墙面上电气槽、盒的交接处套割应吻合，不得有缝隙。

检验方法：观察。

（4）壁纸、墙布边缘应平直整齐，不得有纸毛、飞刺。

检验方法：观察。

（5）壁纸、墙布阴角处应顺光搭接，阳角处应无接缝。

检验方法：观察。

（6）裱糊工程的允许偏差和检验方法应符合表 11-1 的规定。

裱糊工程的允许偏差和检验方法　　表 11-1

项次	项目	允许偏差	检验方法
1	表面平整度	3	用 2m 靠尺和塞尺检查
2	立面垂直度	3	用 2m 垂直检测尺检查
3	阴阳角方正	4	用 200mm 直角检测尺检查

壁纸立面垂直度、阴阳角方正所用检测工具及检测方法可参见项目 2——装饰工程质量检测常用检测工具仪器及使用方法中相关内容。

11.3　软包工程质量检测与验收

11.3.1　主控项目

（1）软包工程的安装位置及构造做法应符合设计要求。

检验方法：观察；尺量检查；检查施工记录。

（2）软包边框所选木材的材质、花纹、颜色和燃烧性能等级应符合设计要求及国家现行标准的有关规定。

检验方法：观察；检查产品合格证书、进场验收记录、性能检验报告和复验报告。

（3）软包衬板材质、品种、规格、含水率应符合设计要求。面料及内衬材料的品种、规格、颜色、图案及燃烧性能等级应符合国家现行标准的有关规定。

检验方法：观察；检查产品合格证书、进场验收记录、性能检验报告和复验报告。

（4）软包工程的龙骨、边框应安装牢固。

检验方法：手扳检查。

(5) 软包衬板与基层应连接牢固，无翘曲、变形，拼缝应平直，相邻板面接缝应符合设计要求，横向无错位拼接的分格应保持通缝。

检验方法：观察；检查施工记录。

11.3.2 一般项目

(1) 单块软包面料不应有接缝，四周应绷压严密。需要拼花的，拼接处花纹、图案应吻合。软包饰面上电气槽、盒的开口位置、尺寸应正确，套割应吻合，槽、盒四周应镶硬边。

检验方法：观察；手摸检查。

(2) 软包工程的表面应平整、洁净、无污染、无凹凸不平及皱折；图案应清晰、无色差，整体应协调美观、符合设计要求。

检验方法：观察。

(3) 软包工程的边框表面应平整、光滑、顺直，无色差、无钉眼，对缝、拼角应均匀对称、接缝吻合。清漆制品木纹、色泽应协调一致。其表面涂饰质量应符合本标准项目12的有关规定。

检验方法：观察；手摸检查。

(4) 软包内衬应饱满，边缘应平齐。

检验方法：观察；手摸检查。

(5) 软包墙面与装饰线、踢脚板、门窗框的交接处应吻合、严密、顺直。交接（留缝）方式应符合设计要求。

检验方法：观察。

(6) 软包工程安装的允许偏差和检验方法应符合表11-2的规定。

软包工程安装的允许偏差和检验方法　　表11-2

项次	项目	允许偏差（mm）	检验方法
1	单块软包边框水平度	3	用1m水平尺和塞尺检查
2	单块软包边框垂直度	3	1m垂直检测尺检查
3	单块软包对角线长度差	3	从框的裁口里角用钢尺检查
4	单块软包宽度、高度	0，−2	从框的裁口里角用钢尺检查
5	分格条（缝）直线度	3	拉5m线，不足5m拉通线，用钢直尺检查
6	裁口线条结合处高度差	1	用直尺和塞尺检查

墙面软包对角线长度偏差检测如图 11-4 所示。

图 11-4　墙面软包对角线长度偏差检测

墙面软包表面平整度、立面垂直度所用检测工具及检测方法可参见项目 2——装饰工程质量检测常用检测工具仪器及使用方法中相关内容。

【项目实施】

1. 任务分配

根据项目要求，别墅室内裱糊质量进行检测，完成裱糊工程的质量检测任务。

劳动组织形式：在项目任务实施中，学生 4-5 人为一个工作小组，选出组长一名，采用组长负责制，负责分配任务、与组员一起制定项目实施方案，并协助教师在项目实施过程中指导学生，检查督促任务进展及质量，有问题与组员一起商讨解决，并及时汇报教师；学生资料员负责填写记录各种验收及技术文件，做好文件整理、归纳等管理工作等。项目任务分配表可参见项目 3《抹灰工程质量检测与验收》中表 3-4 格式及内容（扫描二维码 1 可见）。

二维码 1

2. 任务准备

（1）项目任务检测前，认真熟悉裱糊与软包工程质量检测的相关规定；

（2）熟悉施工项目的图纸；

（3）正确使用经过校验合格的检测和测量工具；

（4）准备好裱糊与软包工程验批质量验收记录表等技术文件表格；

（5）项目任务完成后，清点工具并归还实训中心仓库管理教师，填写工具设备使用情况，清理场地搞好卫生。

3. 检测实施

裱糊与软包工程的质量检测分主控项目和一般项目，检测内容、抽查数量和方法如下：

（1）主控项目

裱糊工程的主控项目质量检测主要按照《建筑装饰装修工程质量验收标准》GB 50210-2018，13.2.1 ~ 13.2.4 条规定；裱糊与软包工程质量检测工具的正确使用及操作方法详见项目 2——装饰工程质量检测与验收常用工具仪器及使用。

（2）一般项目

裱糊工程的一般项目主要按照《建筑装饰装修工程质量验收标准》GB 50210-2018，13.2.5 ~ 13.2.10 条的规定；裱糊与软包工程所用检测工具的正确使用及操作方法，详见项目 2——装饰工程质量检测与验收常用工具仪器及使用。

4. 填写裱糊工程检验批质量验收记录表

项目检测完成后填写完成裱糊工程检验批质量验收记录表，记录表扫描二维码 11-2 可见，检验批表格的填写内容和方法可参见项目 3——抹灰工程质量检测与验收中相关内容。

二维码 11-2

在以上项目任务实施过程中，资料员负责管理、填写、收集，验收工程技术文件，并做好整理、管理、保存、存档或者移交有关部门的工作。

5. 项目评价

对壁纸裱糊质量检测项目任务，结合任务实施过程，按时间、质量、安全、文明环保评分，先自评，在自评的基础上，由本组的同学互评，最后由教师进进行总结评分。

根据考核结果填写项目实践任务考核评价表，（扫描二维码 2 可见）内容可参见项目 3——抹灰工程质量检测与验收中表 3-11《项目实践任务考核评价表》的格式和内容。

二维码 2

【知识拓展】

知识拓展 1. 壁纸的日常维护（图 11-5）

图 11-5　壁纸

1.1　防干裂

预防壁纸干裂，施工阶段尤为最重要，壁纸铺贴前要在水中浸透 5 ~ 10min，这道工艺为润纸，然后再刷胶铺贴，壁纸要自然阴干。

壁纸边缘因干裂起翘，可用针筒将胶水注入壁纸裂缝的边缘，将壁纸重新粘牢；或用贴壁纸的胶粉，抹在卷边处，把起翘处抚平，用吹风机吹 10 秒左右，再用手按实，直到粘牢，用吹风机吹干即可。

1.2　擦洗

用湿布或者干布擦洗有脏物的地方；不能用一些带颜色的原料污染墙纸；擦拭墙纸应从一些边角、墙角或门后隐避处开始，避免出现不良反应造成墙纸损坏。

1.3　清洁

非凹凸墙纸，平日只需用鸡毛掸子清洁即可。

根据壁纸的洁净程度，可先喷洒、清洗、吸水，重复两遍，然后开动壁纸吹干机，让壁纸干透。平时保养，可用中性壁纸保养液对壁纸做防污防裂处理，在壁纸表层形成一层保护膜，达到防污防尘的效果，可延长壁纸的使用寿命。

1.4　防潮

碰到潮湿天气，尽量把门窗关好，以防水汽过重，使墙纸受潮。

知识拓展 2. 常见问题处理

2.1 起泡

墙纸起泡是常见问题，主要是粘贴墙纸时涂胶的不均匀导致后期墙纸表面收缩受力与基层分离水分过多，从而出现的一些内置气泡。解决的方法是，拿普通的缝衣针将墙纸表面的气泡刺穿，将气体释放出来，再用针管抽取适量的胶粘剂注入刚刚的针孔中，最后将墙纸重新压平、晾干即可。

2.2 发霉

墙纸发霉一般发生在雨季和潮湿天气，主要原因墙体水分过高。针对发霉情况不是太严重的墙纸的解决方法如下：用白色毛巾沾取适量清水擦拭，或就用肥皂水擦拭。最好的办法是喷涂专用的壁纸除霉剂。

2.3 翘边

墙纸翘边原因很多，多是基层处理不干净、胶粘剂粘接力太低或者包阳角的墙纸边少于 2mm 等，壁纸翘边的解决方法：用贴壁纸的胶粉找补粘贴（图 11-6）。

图 11-6　翘边

2.4 破损

墙纸不耐钝物的磕碰，如果发现小处的表面的破损，可用近似颜色的颜料或油漆补救。较大面积的缺损，就要补贴同颜色图案的壁纸。

2.5 接缝处有印渍

在贴墙纸时，胶水没有完全刮压出来，堆积在接缝处，时间久了胶与墙纸起反应。解决方法：60 ～ 80℃热水一小瓶，加上一瓶白醋，等水冷下来后，涮在接缝处（建议局部试验），墙纸裱糊后在 1 ～ 2 个月处理效果会比较好，可以去除掉 80% 的痕迹（图 11-7）。

图 11-7

【能力测试】

知识题作业（答案见二维码 11-3）

二维码 11-3

1. 填空题

1.1 壁纸裱糊前应在基层用涂刷（　　　　）。有防潮要求的墙面，应进行（　　）处理。

1.2 裱糊后的壁纸、墙布表面应平整，不得有（　　　　　　　　　　　　　　）；表面色泽应一致，不得有（　　），斜视时应无胶痕。

1.3 用（　　　　　　　）检查壁纸裱糊的表面平整度，允许偏差为（ ）mm。

1.4 用（　　　　　　　）检查壁纸裱糊的立面垂直度，允许偏差为（ ）mm。

1.5 在软包质量检测中要求内衬应饱满，边缘应（　　）。

1.6 软包墙面与装饰线、踢脚板、门窗框的交接处应吻合、（　　　　　）。交接（　　）方式应符合设计要求。

1.7 在裱糊与软包工程质量检查中，对基层腻子的要求是应平整、（　　　　　）、无酥松、无裂缝和泛碱；腻子的粘结强度不得小于0.3MPa。

实践活动作业

1. 活动任务

学生利用课余时间，以小组为单位，到学校实训中心检测装饰系裱糊与软包样板间的裱糊质量，采取小组组长负责制，做好以上实践活动的检测任务，并给出检测结果。

2. 活动组织

活动实施中，对学生进行分组，学生4～5人组成一个工作小组，组长对每名组员进行任务分配。各小组制定出实施方案及工作计划，组长指导本组学生学习，依据检测验收规范，运用相应的检测工具，检查项目质量；对于存在质量问题的项目及部位，制定出改进措施和方法。指定专人填写、记录、整理、保存好各种检测技术文件，共同完成项目任务。

3. 活动时间

在各项目学习完成后，各组学生根据课余时间，及时自行组织完成。

4. 活动工具

图集、规范、计算器、铅笔、各种检测工具。

5. 活动评价

裱糊及软包工程质量检测完成后，填写质检报告单，报告单可参见项目3——抹灰工程质量检测与验收表3-12中格式及内容（扫描二维码3可见），此处不再赘述。

二维码3

项目12 地面装饰工程质量检测与验收

【项目概述】

本项目主要是对地面工程子分部的质量要求、检查内容及检查方法，分项工程的划分，质量检验标准、检验批验收记录作出了明确的规定。地面工程主要包括水泥砂浆地面工程、板块地面工程、竹木地面工程、地毯铺设工程。

【学习目标】

通过本项目的学习，你可以：

1. 熟悉装饰地面的类型；
2. 掌握装饰地面工程的施工质量检测与验收规范；
3. 会运用相关检测仪器和工具对地面工程质量进行现场检测与检验；
4. 会填写地面工程质量检测与验收的相关技术文件，并进行管理、整理、归档等。

【项目任务】

某商场新建装饰装修，各种地面装饰施工已经完成后，我们将对木地板地面、石材地面、地毯地面进行检测验收；通过所掌握的相关验收规范标准，运用检测工具进行检测验收，并做好相关技术记录；组长安排一名组员填表、归档，完成技术文件管理。

【学习支持】

1.《建筑装饰装修工程质量验收规范》GB 50210-2001；
2.《住宅室内装饰装修工程质量验收规范》JGJT 304-2013；
3.《住宅装饰装修工程施工规范》GB 50327-2001；
4.《建筑装饰装修工程质量验收标准》GB 50210-2018；
5.《建筑工程施工质量验收统一标准》GB 503000-2013。

【项目知识】

12.1 地面装饰工程一般规定

12.1.1 适用范围

本章适用于水泥地面工程、木地板工程、块材地板工程、地毯工程等分项工程的质量验收。木地板包括实木地板、实木复合地板、强化复合地板、竹木地板等；板块地面包括地面砖、石材地面等。

12.1.2 地面工程验收时应检查下列文件和记录

（1）地面工程的施工图、设计说明和其他设计文件。

（2）基层工程材料检查记录、质量验收记录。

（3）饰面材料的合格证、性能检测报告、进场检验记录。

（4）隐蔽工程检查记录。

（5）材料复试报告。包括水泥凝结时间、安定性试验，天然花岗石放射性元素含量。

12.1.3 一般规定

（1）建筑地面工程采用的材料、规格、颜色等均应符合设计要求及国家规范、标准规定，进口材料应有中文质量合格证明文件，规格、型号及性能检测报告。

（2）胶粘剂、水硬性胶结料和涂料等材料应按设计要求选用，并应符合《民用建筑工程室内环境污染控制规范》GB 50325 的规定。

（3）面层铺设后标高应符合设计要求，与客梯、滚梯等标高协调。

12.2 水泥砂浆地面工程质量检测与验收

12.2.1 主控项目

（1）防水水泥砂浆中掺入的外加剂应符合国家现行有关标准的规定，外加剂的品种和掺量应经试验确定。

检验方法：观察检查和检查质量合格证明文件、配合比试验报告。

（2）有排水要求的水泥砂浆地面，坡向应正确，排水应通畅；防水砂浆面层不应渗漏。

检验方法：观察检查和蓄水、泼水检验或坡度尺检查及检查验收记录。

（3）面层与下一层应结合牢固，无空鼓、裂纹。当出现空鼓时，空鼓面积不应大于 400cm^2，且每自然间或标准间不应多于 2 处。

检验方法：用小锤轻击检查。检查情况如图 12-1 所示。

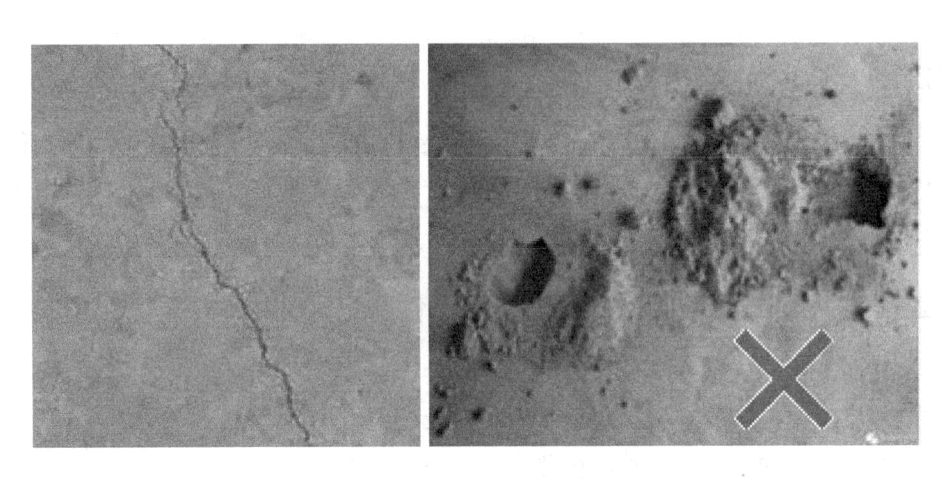

图 12-1 地面开裂、空鼓为不合格

12.2.2 一般项目

（1）面层表面的坡度应符合现行国家标准《建筑地面工程施工质量验收规范》GB 50209 的规定。

检验方法：观察和采用泼水或坡度尺检查。

（2）踢脚线与柱、墙面应紧密结合，踢脚线高度及出柱、墙厚度应符合设计要求且均匀一致。当出现空鼓时，局部空鼓长度不应大于 300mm，且每自然间或标准间不应多于 2 处。

检验方法：用小锤轻击、钢直尺和观察检查。检测方法如图 12-2 所示。

图 12-2　响鼓锤检测水泥砂浆地面空鼓情况

（3）楼梯踏步的宽度、高度应符合现行国家标准《建筑地面工程施工质量验收规范》GB 50209 的规定。

检验方法：观察和钢直尺检查。

（4）水泥砂浆面层的允许偏差和检验方法应符合表 12-1 的规定。

水泥砂浆面层的允许偏差和检验方法　　表 12-1

项次	项目	允许偏差（mm）	检验方法
1	表面平整度	4	用 2m 尺和楔形塞尺检查
2	踢脚线线上口平直	4	拉 5m 线和用钢直尺检查
3	缝格平直	3	

12.3　板块地面工程质量检测与验收

12.3.1　主控项目

（1）块材的排列应符合设计要求，门口处宜采用整块。非整块的宽度不宜小于整块的 1/3。

检验方法：观察、尺量检查。

（2）块材地板铺设允许偏差应符合现行国家标准《建筑地面工程施工质量验收规范》GB 50209 的规定。

（3）块材地板材料的品种、规格、图案颜色和性能应符合设计要求。

检验方法：观察检查。

（4）块材地板工程的找平、防水、粘结和勾缝材料应符合设计要求和国家现行有关产品标准的规定。

检验方法：观察；检查产品合格证书、性能检测报告和进场验收记录。相关检测如图 12-3 所示。

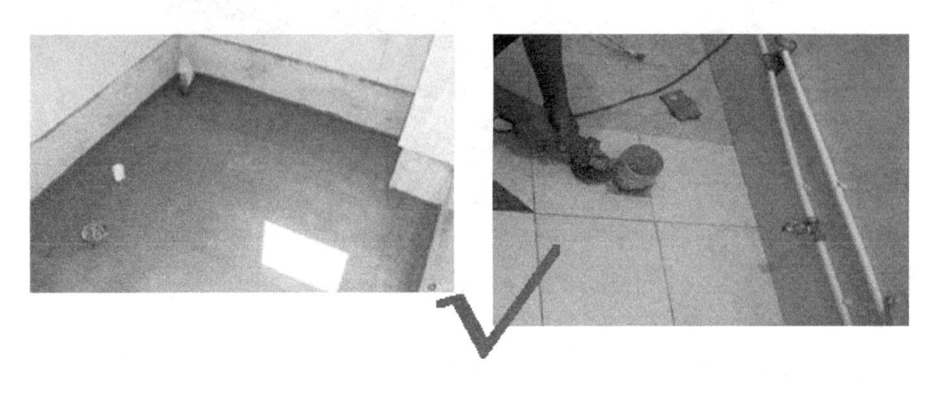

图 12-3　闭水试验及管道口封堵检测

（5）块材地板铺贴位置、整体布局、排布形式、拼花图案应符合设计要求。图案拼花如图 12-4 所示。

检验方法：观察检查。

图 12-4　观察检测地板铺设拼花

（6）块材地板面层与基层应结合牢固、无空鼓。

检验方法：观察、用小锤轻击检查。

12.3.2　一般项目

（1）块材地板表面应平整、洁净、色泽基本一致，无裂纹、划痕、磨痕、掉角、缺棱等现象。

检验方法：观察、尺量、用小锤轻击检查。检测情况如图 12-5 所示。

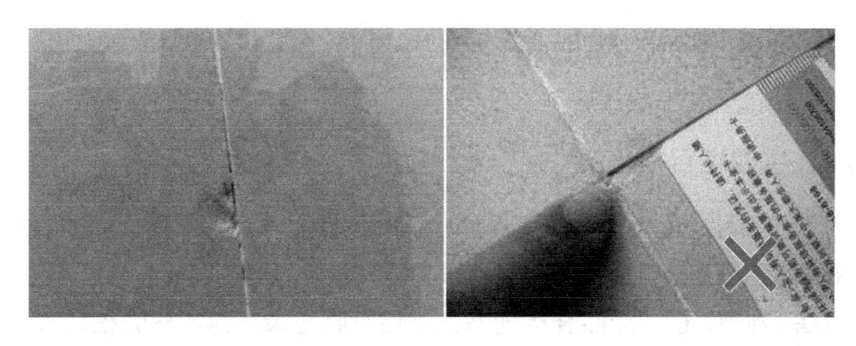

图 12-5　板材表面有缺棱掉角现象为不合格

(2) 块材地板边角应整齐、接缝应平直、光滑、均匀，纵横交接处应无明显错台、错位，填嵌应连续、密实。

检验方法：观察、尺量、用小锤轻击检查。

(3) 块材地板与墙面或地面突出物周围套割应吻合，边缘应整齐。块材地板与踢脚板交接应紧密，缝隙应顺直。

检验方法：观察、尺量、用小锤轻击检查。

(4) 踢脚板固定应牢固，高度、凸墙厚度应保持一致，上口应平直；地板与踢脚板交接应紧密，缝隙顺直。

检验方法：观察、尺量、用小锤轻击检查。

(5) 石材块材地板表面应无泛碱等污染现象。

检验方法：观察、尺量、用小锤轻击检查。

(6) 塑料块材地板粘贴铺设时，应无波纹起伏、脱层、空鼓、翘边、翘角等现象。

检验方法：观察、尺量、用小锤轻击检查。

(7) 块材地板面层的排水坡度应符合设计要求，并不应倒、积水；与地漏（管道）结合处应严密牢固，无渗漏。

检验方法：观察、尺量、用小锤轻击检查。

(8) 块材地板的允许偏差和检验方法应符合表 12-2 的规定。

块材地板的允许偏差和检验方法　　表 12-2

项次	项目	允许偏差（mm）			检验方法
		石材块材	陶瓷块材	塑料块材	
1	表面平整度	2.0	2.0	2.0	2m 靠尺、塞尺检查
2	接缝直线度	2.0	3.0	1.0	钢直尺或者拉 5m 线，不足 5m 拉通线，钢直尺检查
3	接缝宽度	2.0	2.0	1.0	钢直尺检查
4	板块之间接缝高低差	2.0	2.0	1.0	钢直尺和塞尺检查
5	与踢脚缝隙	1.0	1.0	1.0	观察，塞尺检查
6	排水坡度	4.0	4.0	4.0	水平尺，塞尺检查

12.4 竹木地面工程质量检测与验收

12.4.1 主控项目

（1）木板的品种、规格、颜色和性能应符合设计要求及国家现行标准的有关规定。木龙骨、木饰面板的燃烧性能等级应符合设计要求。

检验方法：观察；检查产品合格证书、进场验收记录、性能检验报告和复验报告。材料进场检测及复验情况如图 12-6 所示。

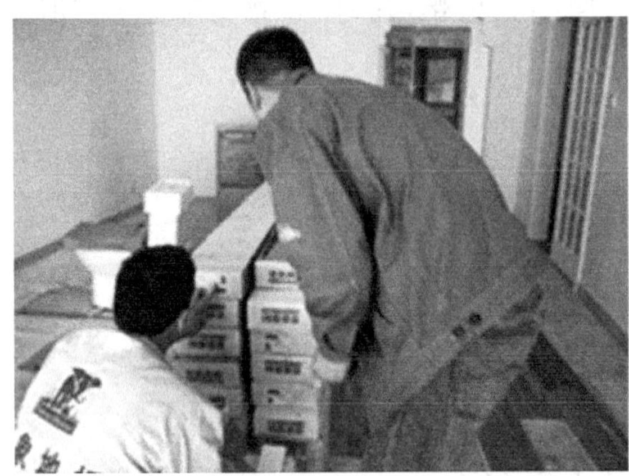

图 12-6 材料进场复验

（2）木板安装工程的龙骨、连接件的材质、数量、规格、位置、连接方法和防腐处理应符合设计要求，木板安装应牢固。

检验方法：手板检查；检查进场验收记录、隐蔽工程验收记录和施工记录。

（3）木地板工程的基层板铺设应牢固，不松动。

检验方法：行走检查。

（4）木搁栅的截面尺寸、间距和固定方法等应符合设计要求。木搁栅固定时，不得损坏基层和预埋管线。

检验方法：观察、钢直尺测量。

（5）木地板铺贴位置、图案排布应符合设计要求。

检验方法：观察检查。

（6）实铺木地板面层应牢固；粘结应牢固无空鼓现象。

检验方法：观察、行走检查。

（7）竹木地板铺设应无松动，有走时不得有明显响声。

检验方法：行走检查。

12.4.2 一般项目

（1）木地板表面应洁净、平整光滑，无刨痕、无沾污、毛刺、戗槎等现象；划痕每处长度不应大于10mm，同一房间累计长度不应大于300mm。

检验方法：观察、尺量检查。检测情况如图12-7所示。

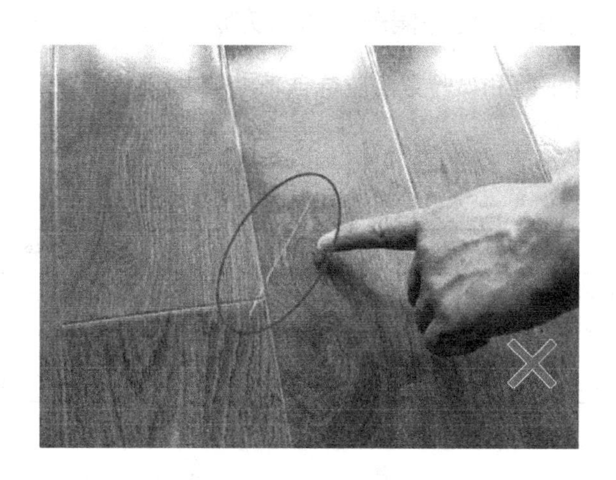

图12-7 木地板明显长划痕为不合格

（2）木地板面层应打蜡均匀，光滑明亮，纹理清晰，色泽一致，且表面不应有裂纹、损伤等现象。

检验方法：观察、尺量检查。检查情况如图12-8所示。

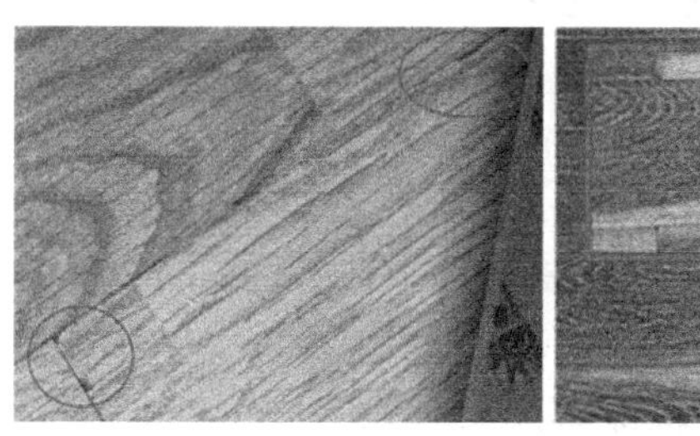

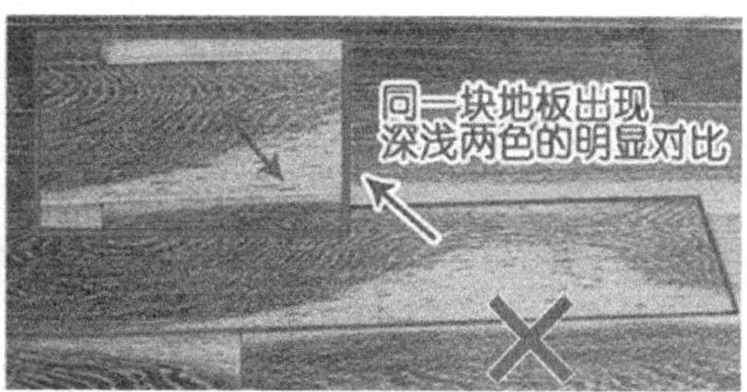

图12-8 板边损伤及明显色差为不合格

（3）木地板的板面铺设的方向应正确，条形木地板宜顺光方向铺设。

检验方法：观察、尺量检查。

（4）地板面层接缝应严密、平直、光滑、均匀，接头位置应错开，表面洁净。拼花地板面层板面排列及镶边宽度应符合设计要求，周边应一致。

检验方法：观察、尺量检查。

（5）踢脚线表面应光滑，高度及凸墙厚度应一致；地板与踢脚板交接应紧密，缝隙顺直。

检验方法：观察、尺量检查。

（6）地板与墙面或地面突出物周围套割吻合，边缘应整齐。

检验方法：观察，尺量检查。

（7）木地板铺设的允许偏差和检验方法应符合现行国家标准《建筑地面工程施工质量验收规范》GB 50209 的相关规定。

12.4.3 木地板安装的允许偏差和检验方法

木地板安装的允许偏差和检验方法应符合表 12-3 的规定。

木板安装的允许偏差和检验方法　　表 12-3

项次	项目	允许偏差（mm）	检验方法
1	立面垂直度	2	用 2m 垂直检测尺检查
2	表面平整度	1	用 2m 靠尺和塞尺检查
3	阴阳角方正	2	用 200mm 直角检测尺检查
4	接缝直线度	2	拉 5m 线，不足 5m 拉通线，用钢直尺检查
5	墙裙、勒脚上口直线度	2	拉 5m 线，不足 5m 拉通线，用钢直尺检查
6	接缝高低差	1	用钢直尺和塞尺检查
7	接缝宽度	1	用钢直尺检查

12.5 地毯铺设工程质量检测与验收

12.5.1 主控项目

（1）地毯材料的品种、规格、图案、颜色和性能应符合设计要求。

（2）地毯工程的粘结、底衬和紧固材料应符合设计要求和国家现行有关标准的规定。

检验方法：观察；检查产品合格证书、性能检测报告和进场验收记录。某品牌地毯产品检验报告扫描二维码 12-1 可见。

二维码 12-1

（3）地毯铺贴位置、拼花图案应符合设计要求。

检验方法：观察检查。

（4）地毯铺贴应符合现行国家标准《建筑地面工程施工质量验收规范》GB 50209的规定。

检验方法：观察检查。

12.5.2 一般项目

（1）地毯表面应干净，不应起鼓、起皱、翘边、卷边、露线，无毛边和损伤。拼缝处对花对线拼接应密实平整、不显拼缝；绒面毛顺光一致，异型房间花纹应顺直端正、裁割合理。

检验方法：观察、手试检查。

（2）固定式地毯和底衬周边与倒刺板连接牢固，倒刺板不得外露。

检验方法：观察、手试检查。

（3）粘贴式地毯胶粘剂与基层应粘贴牢固，块与块之间应挤紧服帖。地毯表面不得有胶迹。

检验方法：观察、手试检查。

（4）楼梯地毯铺设每梯段顶级地毯固定牢固，每踏级阴角处应用卡条固定。

检验方法：观察、手试检查。

【项目实施】

1. 任务分配

项目任务扫描二维码12-2可见，根据任务施工图，布置此工程室内地面质量检测项目任务。

二维码12-2

劳动组织形式：在项目任务实施中，学生4～5人为一个工作小组，选出组长一名，采用组长负责制，负责分配任务、与组员一起制定项目实施方案，并协助教师在项目实施过程中指导学生，检查督促任务进展及质量，有问题与组员一起商讨解决，并及时汇报教师；资料员负责填写记录各种验收及技术文件，做好文件整理、归纳等管理工作等。项目任务分配表（扫描二维码1可见），可参见项目3——抹灰工程质量检测与验收中表3-4格式及内容。

二维码 1

2. 任务准备

（1）项目任务检测前，认真熟悉地面工程质量检测的相关规定；

（2）熟悉施工项目的图纸；

（3）正确使用经过校验合格的检测和测量工具；

（4）准备好地面工程验批质量验收记录表等技术文件表格；

（5）项目任务完成后，清点工具并归还实训中心仓库管理教师；填写工具设备使用情况；清理场地搞好卫生。

3. 检测实施

根据施工图纸，检测木质地面与块材地面工程的饰面质量，检测分主控项目和一般项目，检测内容、抽查数量和方法如下：

（1）主控项目

木地板工程的主控项目质量检测主要按照《住宅室内装饰装修工程质量验收规范》JGJ/T 304-2013，10.2.1 ～ 10.2.6 条规定；块材地面工程的质量检测按照 10.3.1 ～ 10.3.6 条规定；所用检测工具的正确使用及操作方法详见项目 2——装饰工程质量检测与验收常用工具仪器及使用。

（2）一般项目

木地板工程的一般项目主要按照《住宅室内装饰装修工程质量验收规范》JGJ/T 304-2013，10.2.7 ～ 10.2.13 条的规定；块材工程的质量检测按照 10.3.7 ～ 10.3.14 条规定；所用检测工具的正确使用及操作方法，详见项目 2——装饰工程质量检测与验收常用工具仪器及使用，见二维码 12-3。

二维码 12-3

4. 填写地面工程检验批质量验收记录表

项目检测完成后填写完成地面工程检验批质量验收记录表，记录表扫描二维码 12-4

可见，检验批表格的填写内容和方法可参见项目 3《抹灰工程质量检测与验收》中相关内容。

二维码 12-4

在以上项目任务实施过程中，学生资料员负责管理、填写、收集，验收工程技术文件，并做好整理、管理、保存、存档或者移交有关部门的工作。

5. 项目评价

对地面工程质量检测项目任务，结合任务实施过程，按时间、质量、安全、文明环保评分，先自评，在自评的基础上，由本组的同学互评，最后由教师进进行总结评分。

根据考核结果填写项目实践任务考核评价表，（扫描二维码 2 可见）内容可参见项目 3——抹灰工程质量检测与验收中表 3-11《项目实践任务考核评价表》的格式和内容。

二维码 2

【知识拓展】

知识拓展 1. 水泥的性质

水泥是一种粉状水硬性无机胶凝材料。加水搅拌后成浆体，能在空气中硬化或者在水中更好的硬化，并能把砂、石等材料牢固地胶结在一起。市场上水泥的品种很多，有硅酸盐水泥、普通硅酸盐水泥、复合硅酸盐水泥、矿渣硅酸盐水泥等，家庭装修常用的是普通硅酸盐水泥或复合硅酸盐水泥。

使用水泥的一些禁忌：一忌受潮，受潮结硬的水泥会降低甚至丧失原有强度，出厂超过 3 个月的水泥应复查试验；二忌曝晒速干，水泥属于水硬性材料，如操作后便遭曝晒，随着水分的迅速蒸发，其强度会有所降低，甚至完全丧失。因此，施工前必须严格清扫并充分湿润基层；施工后应严加覆盖，并按规范规定浇水养护；三忌受冻，水泥终凝前受冻会使混凝土或砂浆就会遭到由表及里逐渐加深的粉酥破坏；四忌基层脏软，易导致抹灰层的空鼓或出现裂缝。

知识拓展 2. 木地板的分类

木地板是指用木材制成的地板，中国生产的木地板主要分为实木地板、强化木地板、实木复合地板、多层复合地板、竹材地板和软木地板六大类。各类地板如图 12-9 所示。“三分地板，七分安装”，竹木地板地面的质量很大程度上取决于施工质量。木地板不能买来即铺，应拆封后在新居放置一段时间后再铺，使木地板适应新的环境。木地板铺设好后要进行覆盖保护。

(a) 实木地板　(b) 实木复合地板　(c) 竹木地板

(d) 软木地板　(e) 强化木地板

图 12-9 地板常见分类形式

【能力测试】

知识题作业（答案见二维码 12-5）

二维码 12-5

1. 填空题

1.1 竹木地板铺设应无松动，有走时不得有明显响声。检验方法是（　　　　　）。

1.2 木地板表面应洁净、平整光滑，无刨痕、无沾污、毛刺、戗槎等现象；划痕每处长度不应大于（　　）mm，同一房间累计长度不应大于（　　　）mm。

1.3 水泥砂浆面层与下一层应结合牢固，无空鼓、裂纹。当出现空鼓时，空鼓面积不应大于 $400cm^2$，且每自然间或标准间不应多于（　）处。检验方法：（　　　）检查。

1.4 检测地面平整度应用（　　　　　　）检查。

1.5 块材的排列应符合设计要求，门口处宜采用整块。非整块的宽度不宜小于整块的（　　）。

1.6 地毯表面应干净，不应起鼓、（　　）、（　　）、卷边、露线，无毛边和损伤。拼缝处对花对线拼接应密实平整、不显拼缝。

2. 选择题

木地板的板面铺设的方向应正确，条形木地板宜（　　）铺设。

A 顺光方向　　　B 逆光方向

实践活动作业

1. 活动任务

学生利用课余时间，对教室、教学楼楼道等公共空间的地砖饰面做出质量检测，以小组为单位，采取小组组长负责，做好以上实践活动的检测任务，并给出检测结果。

2. 活动组织

活动实施中，对学生进行分组，学生 4 ~ 5 人组成一个工作小组，组长对每名组员进行任务分配。各小组制定出实施方案及工作计划，组长指导本组学生学习，依据检测验收规范，运用相应的检测工具，检查项目质量；对于存在质量问题的项目及部位，制定出改进措施和方法。指定专人填写、记录、整理、保存好各种检测技术文件，共同完成项目任务。

3. 活动时间

在各项目学习完成后，各组学生根据课余时间，及时自行组织完成。

4. 活动工具

图集、规范、计算器、铅笔、各种检测工具。

5. 活动评价

项目任务完成后，填写质检报告单，扫描二维码 3 可见；报告单可参见项目 3——抹灰工程质量检测与验收表 3-12 中抹灰工程质量检测实践活动报告单。

二维码 3

项目 13
装饰细部工程质量检测与验收

【项目概述】

主要是对细部工程子分部的质量要求、检查内容及检查方法，分项工程的划分，质量检验标准、检验批验收记录作出了明确的规定。细部工程主要包括储柜制作与安装窗帘盒和窗台板制作与安装、门窗套制作与安装、护栏和扶手制作与安装花饰制作与安装等分项工程。

【学习目标】

通过本项目的学习，你将能够：

1. 熟悉装饰细部工程施工质量检测与验收规范；
2. 会运用相关检测仪器和工具对装饰细部工程质量检验进行现场检测与检验；
3. 会填写装饰细部工程质量检测与验收的相关技术文件，并进行管理、整理、归档等。

【项目任务】

某别墅家居室内，基础装修、储柜、卫生间、门窗套、窗帘盒等系部装饰装修已完工，需要对工程质量进行检测和验收，我们主要根据掌握的《建筑装饰装修工程质量验收标准》GB 50210-2018 及《住宅室内装饰装修工程质量验收规范》JGJ/T 304-2013、《建筑工程施工质量验收统一标准》GB 503000-2013 等规范要求，对装饰细部工程的适用范围、主控项目、一般项目中的外观质量、允许偏差等方面进行验收和检测。

【学习支持】

1.《建筑装饰装修工程质量验收标准》GB 50210-2018；
2.《住宅室内装饰装修工程质量验收规范》JGJ/T 304-2013；
3.《建筑材料放射性核素限量》GB 6566；
4.《建筑工程施工质量验收统一标准》GB 503000-2013；
5.《建筑玻璃应用技术规程》JGJ 113。

【项目知识】

13.1 装饰细部工程一般规定

13.1.1 细部工程的分类

细部工程是指室内的橱柜、窗帘盒、窗台板、门窗套、护栏与扶手、花饰等的制作与安装等分部工程的质量验收。细部工程应在隐蔽工程已完成并经验收后进行。部分细部工程如图 13-1 所示。

(a) 装饰细部——橱柜实例

(b) 装饰细部——楼梯及扶手实例

(c) 装饰细部——木雕及石膏花饰实例

图 13-1 装饰细部

13.1.2 适用范围

(1) 橱柜制作与安装工程；
(2) 窗帘盒和窗台板制作与安装工程；
(3) 门窗套制作与安装工程；
(4) 护栏和扶手制作与安装工程；
(5) 装饰线及花饰制作与安装工程；
(6) 可拆装式隔断制作与安装工程；

（7）地暖分水器阀检修口、强弱电箱检修门的制作与安装工程；

（8）内遮阳安装工程；

（9）阳台晾晒架安装工程。

13.1.3 一般规定

（1）细部工程验收时应检查下列文件和记录：

1）施工图、设计说明及其他设计文件；

2）材料的产品合格证书、性能检验报告、进场验收记录和复验报告；

3）隐蔽工程验收记录；

4）施工记录。

（2）细部工程应对花岗石的放射性和人造木板的甲醛释放量进行复验。

（3）细部工程应对下列部位进行隐蔽工程验收：

1）预埋件（或后置埋件）；

2）护栏与预埋件的连接节点。

（4）各分项工程的检验批应按下列规定划分：

1）同类制品每 50 间（处）应划分为一个检验批，不足 50 间（处）也应划分为一个检验批；

2）每部楼梯应划分为一个检验批。

（5）橱柜、窗帘盒、窗台板、门窗套和室内花饰每个检验批应至少抽查 3 间（处），不足 3 间（处）时应全数检查；护栏、扶手和室外花饰每个检验批应全数检查。

13.2 橱柜制作与安装工程质量检测与验收

13.2.1 主控项目

（1）橱柜制作与安装所用材料的材质、规格、性能、有害物质限量及木材的燃烧性能等级和含水率应符合设计要求及国家现行标准的有关规定。

检验方法：观察；检查产品合格证书、进场验收记录、性能检验报告和复验报告。某品牌橱柜检验报告扫描二维码 13-1 可见。

二维码 13-1

（2）橱柜安装预埋件或后置埋件的数量、规格、位置应符合设计要求。

检验方法：检查隐蔽工程验收记录和施工记录。

（3）橱柜的造型、尺寸、安装位置、制作和固定方法应符合设计要求。橱柜安装应牢固。

检验方法：观察；尺量检查；手扳检查。如图 13-2 所示。

图 13-2 橱柜外形尺寸检测

（4）橱柜配件的品种、规格应符合设计要求，配件应齐全、安装应牢固。

检验方法：观察；手板检查；检查进场验收记录。如图 13-3 所示。

图 13-3 橱柜安装配件检测

（5）橱柜的抽屉和柜门应开关灵活、回位正确。

检验方法：观察；开启和关闭检查。如图 13-4 所示。

图 13-4　橱柜抽屉及柜门开合检测

13.2.2　一般项目

（1）橱柜表面应平整、光滑、洁净、色泽一致，不得有裂缝、翘曲及损坏现象。

检验方法：观察检查。

（2）橱柜裁口应顺直、拼缝应严密。

检验方法：观察。检测操作如图 13-5、图 13-6 所示。

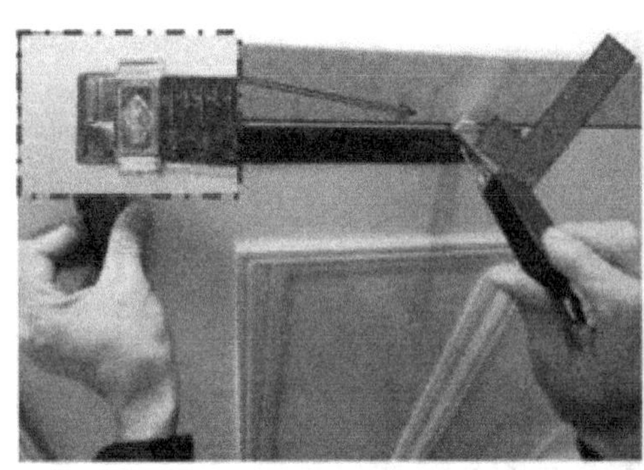

图 13-5　门板水平高低差检测

图 13-6　门缝缝宽度检测

（3）橱柜安装的允许偏差和检验方法应符合表 13-1 的规定。

橱柜安装的允许偏差和检验方法 表 13-1

项次	项目	允许偏差（mm）	检验方法
1	外形尺寸	3	用钢直尺检查
2	立面垂直度	2	用 lm 垂直检测尺检查
3	门与框架的平行度	2	用钢尺检查

13.3 窗帘盒和窗台板工程质量检测与验收

常见窗帘盒和窗台板的形式如图 13-7、图 13-8 所示。

图 13-7 常见窗帘盒形式

图 13-8 常见窗台板形式

13.3.1 主控项目

（1）窗帘盒和窗台板制作与安装所使用材料的材质和规格、性能、有害物质限量及木材的燃烧性能等级和含水率应符合设计要求及国家现行标准的有关规定。

检验方法：观察，检查产品合格证、进场验收记录、性能检测报告和复验报告。

（2）窗帘盒和窗台板的造型、规格、尺寸、安装位置和固定方法必须符合设计要求。窗帘盒和窗台板的安装必须牢固。

检验方法：观察，尺量检查，手扳检查。

（3）窗帘盒配件的品种、规格应符合设计要求，安装应牢固。

检验方法：手扳检查，检查进场验收记录。

13.3.2 一般项目

（1）窗帘盒和窗台板表面应平整、洁净、线条顺直、接缝严密、色泽一致，不得有裂缝、翘曲及损坏。

检验方法：观察。

（2）窗帘盒和窗台板与墙面、窗框的衔接应严密，密封胶缝应顺直、光滑。

检验方法：观察。

（3）窗帘盒和窗台板安装的允许偏差和检验方法应符合表 13-2 的规定。

窗帘盒和窗台板安装的允许偏差和检验方法　　表 13-2

项次	项目	允许偏差（mm）	检验方法
1	水平度	2	用 1m 水平尺检查
2	上、下口直线度	3	拉 5m 线，不足 5m 拉通线
3	两端距窗洞口长度差	2	用钢直尺检查
4	两端出墙厚度差	3	用钢直尺检查

窗台板水平度检测操作要点如图 13-9 所示。窗台板距洞口长度控制如图 13-10 所示。

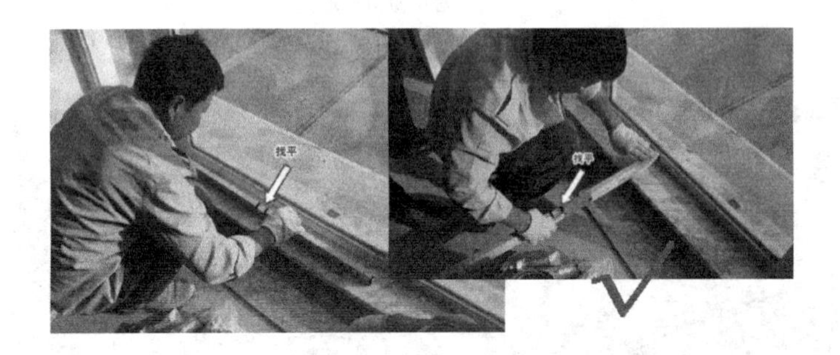

图 13-9　窗台板水平度检查

图 13-10　窗台板距离洞口长度

13.4 门窗套制作与安装工程质量检测与验收

室内门窗套常见形式如图 13-11 所示。

(a) 门窗套示例

(b) 欧式门窗套示例

(c) 中式门窗套示例

图 13-11 室内门窗常见形式

13.4.1 主控项目

(1) 门窗套制作与安装所使用材料的材质、规格、花纹和颜色、性能、有害物质限量及木材的燃烧性能等级和含水率应符合设计要求及国家现行标准的有关规定。

检验方法：观察；检查产品合格证、进场验收记录、性能检测报告和复验报告。

(2) 门窗套的造型、规格、尺寸、安装位置和固定方法必须符合设计要求，安装必须牢固。

检验方法：观察；尺量检查；手扳检查。

13.4.2 一般项目

(1) 门窗套表面应平整、洁净、线条顺直、接缝严密、色泽一致，不得有裂缝、翘曲及损坏。

检验方法：观察。

(2) 门窗套安装的允许偏差和检验方法应符合表 13-3 的规定。

门窗套安装的允许偏差和检验方法目　　表 13-3

项次	项目	允许偏差（mm）	检验方法
1	正侧面垂直度	3	用 1m 垂直检测尺检查
2	门窗套上口水平度	1	用 1m 水平检测尺和塞尺检查
3	门窗套上口平直度	3	拉 5m 线，不足 5m 拉通线，用钢直尺检查

门窗套正侧面垂直度检测如图 13-12 所示。1m 垂直检测尺具体使用方法见项目 2——装饰工程检测常用工具仪器及使用中相关内容。

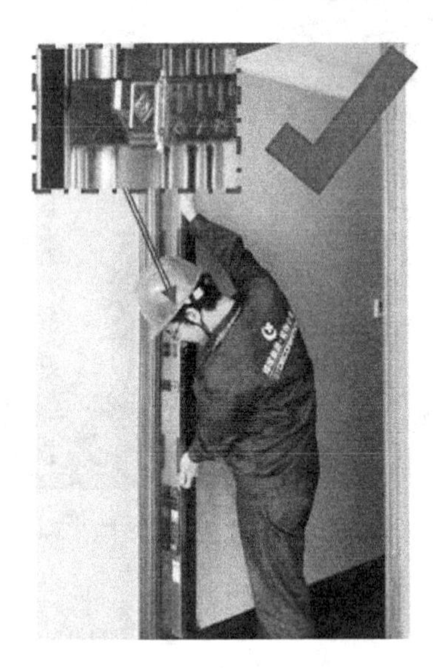

图 13-12　门窗套正侧面垂直度检测

门窗套上口水平度检查如图 13-13 所示。

图 13-13　门窗套上口水平度检查

门框及门扇对角线检测如图 13-14 所示。

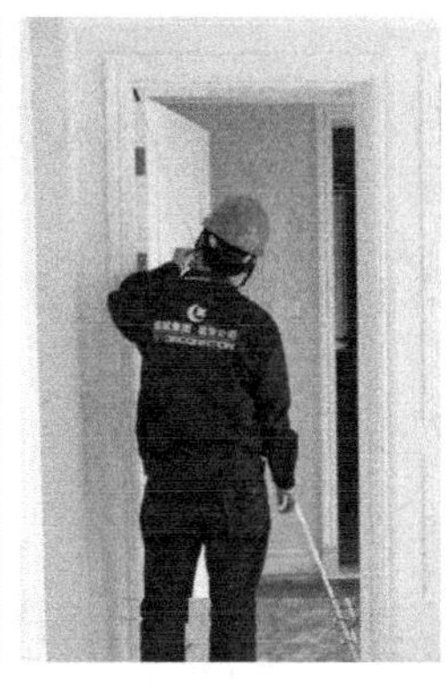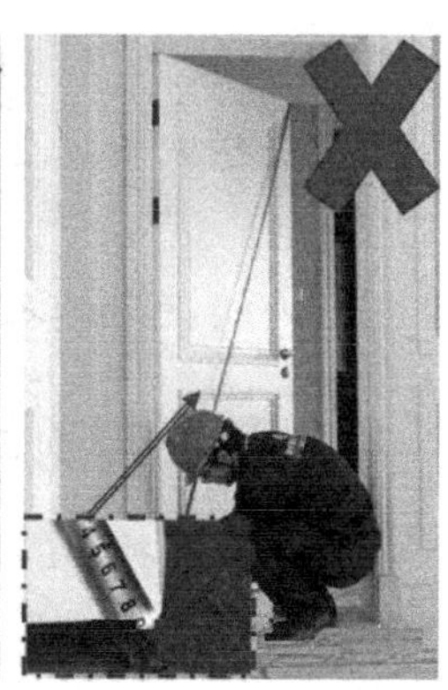

图 13-14　门框及门扇对角线检测

13.5　护栏和扶手制作与安装工程质量检测与验收

常见室内护栏和扶手形式如图 13-15 所示。

（a）室内木拦河示例

（b）室内玻璃拦河示例

（c）室内钢木拦河示例

图 13-15　常见室内护栏和扶手形式

13.5.1　主控项目

（1）护栏与扶手制作与安装所使用材料的材质、规格、数量和木材、塑料的燃绕性能应符合设计要求。

检验方法：观察；检查产品合格证、进场验收记录和性能检测报告。

（2）护栏与扶手的造型、尺寸及安装位置应符合设计要求。

检验方法：观察；尺量检查；检查进场验收记录。

（3）护栏与扶手安装预埋件的数量、规格、位置以及护栏与预埋件的连接节点应符合设计要求。

检验方法：检查隐蔽工程验收记录和施工记录。

（4）护栏高度、栏杆间距、安装位置必须符合设计要求，护栏安装应牢固。

检验方法：观察；尺量检查；手扳检查。

（5）护栏玻璃应使用符合设计要求和现行行业标准《建筑玻璃应用技术规程》JGJ 113 的规定。

检验方法：观察；尺量检查；检查产品合格正和进场验收记录。

13.5.2 一般项目

（1）护栏与扶手的转角弧度应符合设计要求，接缝应严密，表面应光滑，色泽应一致，不得有裂缝、翘曲及损坏。

检查方法：观察；手摸检查。

（2）护栏与扶手安装的允许偏差和检验方法应符合表 13-4 的规定。

护栏与扶手安装的允许偏差和检验方法　　表 13-4

项次	项目	允许偏差（mm）	检验方法
1	护栏垂直度	3	用 1m 垂直检测尺检查
2	栏杆间距	0，−6	用钢尺检查
3	扶手直线度	4	拉通线，用钢直尺检查
4	扶手高度	+6，0	用钢尺检查

13.6 花饰制作与安装工程质量检测与验收

是指对混凝土、石材、木材、塑料、金属、玻璃、石膏等花饰制造与安装工程的质量检测与验收。常见花饰形式如图 13-16 所示。

（a）常见石材花饰示例

图 13-16 常见花饰形式（1）

(b) 常见木质花饰示例

(c) 常见室内石膏花饰示例

图 13-16 常见花饰形式（2）

13.6.1 主控项目

(1) 花饰制作与安装所使用材料的材质、规格、性能、有害物质限量及木材的燃烧性能等级和含水率应符合设计要求及国家现行标准的有关规定。

检验方法：观察；检查产品合格证书、进场验收记录、性能检测报告和复验报告。

(2) 花饰的造型、尺寸应符合设计要求。

检验方法：观察；尺量检查。

(3) 花饰的安装位置和固定方法应符合设计要求，安装应牢固。

检验方法：观察；尺量检查；手扳检查。

13.6.2 一般项目

(1) 花饰表面应洁净，接缝应严密吻合，不得有歪斜、裂缝、翘曲及损坏。

检验方法：观察。

（2）花饰安装的允许偏差和检验方法应符合表 13-5 的规定。

花饰安装的允许偏差和检验方法　　表 13-5

项次	项目		允许偏差（mm）		检验方法
			室内	室外	
1	条形花饰的水平度或垂直度	每米	1	3	拉线和用 1m 垂直检测尺检测
		全长	3	6	
2	单独花饰中心位置偏移		10	15	拉线和用钢直尺检测

【项目实施】

1. 任务分配

根据项目要求，对装饰细部过程的以下项目做出质量检测。

项目任务 1. 别墅室内橱柜质量检测与验收。

项目任务 2. 检测检验教室窗帘盒和窗台板的安装质量。

项目任务 3. 检测检验教室门窗套的安装质量。

劳动组织形式：在以上项目任务实施中，学生 4 ～ 5 人为一个工作小组，选出组长一名，采用组长负责制，负责分配任务、制定项目实施方案，并协助教师在项目实施过程中指导学生，检查督促任务进展及质量，有问题与组员一起商讨解决，并及时汇报教师，以共同顺利完成项目任务。资料员负责填写记录各种验收及技术文件，做好文件整理、归纳等管理工作等。项目任务分配表（扫描二维码 1 可见）格式内容如项目 3——抹灰工程质量检测与验收中表 3-4《项目任务分配表》所示。

二维码 1

2. 任务准备

（1）项目任务检测前，认真熟悉装饰细部工程质量检测的相关规定；

（2）熟悉施工项目的图纸；

（3）正确使用经过校验合格的检测和测量工具；

（4）准备好装饰细部工程验批质量验收记录表等技术文件表格；

（5）项目任务完成后，清点工具并归还实训中心仓库管理教师，填写工具设备使用情况，清理场地搞好卫生。

3. 检测实施

装饰细部工程的质量检测分主控项目和一般项目，检测内容、抽查数量和方法如下。

（1）主控项目

橱柜工程的主控项目质量检测主要按照《建筑装饰装修工程质量验收标准》GB 50210-2018，14.2.1 ～ 14.2.5 条规定；窗帘盒及窗台板工程按照 14.3.1 ～ 14.3.3 条规定；门窗套工程按照 14.4.1 ～ 14.4.2 条规定；装饰细部工程的质量检测所用检测工具的正确使用及操作方法详见项目 2《装饰工程质量检测与验收常用工具仪器及使用》。

（2）一般项目

橱柜工程的一般项目主要按照《建筑装饰装修工程质量验收标准》GB 50210-2018，14.2.6 ～ 14.2.8 条的规定；窗帘盒及窗台板工程按照 14.3.4 ～ 14.3.6 条的规定；门窗套工程按照 14.4.3 ～ 14.4.4 条规定；装饰细部工程的质量检测所用检测工具的正确使用及操作方法，详见项目 2——装饰工程质量检测与验收常用工具仪器及使用。

4. 填写细部工程检验批质量验收记录表

橱柜工程检验批质量验收记录表扫描二维码 13-2 可见，记录表格式与内容、填写方法详见项目 3《抹灰工程质量检测与验收》检验批表格填写具体内容。

二维码 13-2

在以上项目任务实施过程中，学生资料员负责管理、填写、收集，验收工程技术文件，并做好整理、管理、保存、存档或者移交有关部门的工作。具体方法，详见项目 15《建筑装饰工程质量检测资料管理》中相关内容。

5. 项目评价

在上述任务实施中，按时间、质量、安全、文明环保评分，先自评，在自评的基础上，由本组的同学互评，最后由教师进进行总结评分。

项目实践任务完成后，填写项目实践任务考核评价表，（扫描二维码 2 可见），内容可参见项目 3——抹灰工程质量检测与验收中表 3-11《项目实践任务考核评价表》的格式和内容。

二维码 2

【知识拓展】

知识拓展 1. 橱柜安装工程质量控制，扫描二维码 13-3 可见。

二维码 13-3

知识拓展 2. 窗帘盒和窗台板的成品保护

2.1 安装窗帘盒时不得踩踏散热器片及窗台板，严禁在窗台板上敲击、撞碰，以防损坏。

2.2 窗帘盒安装后及时刷一道底油漆，以防抹灰、喷浆等湿作业时受潮变形或污染。

2.3 安装窗帘盒和窗台时，应保护已完成的工程项目，不得因操作损坏地面、窗洞、墙角等成品。

2.4 窗台板应妥善保管，做到木制品不受潮，金属品不生锈，石料、块料不损坏棱角，不受污染。

2.5 安装好的成品应有保护措施，做到不损坏，不污染。如图 13-17、图 13-18 所示。

图 13-17　窗台板平整洁净效果

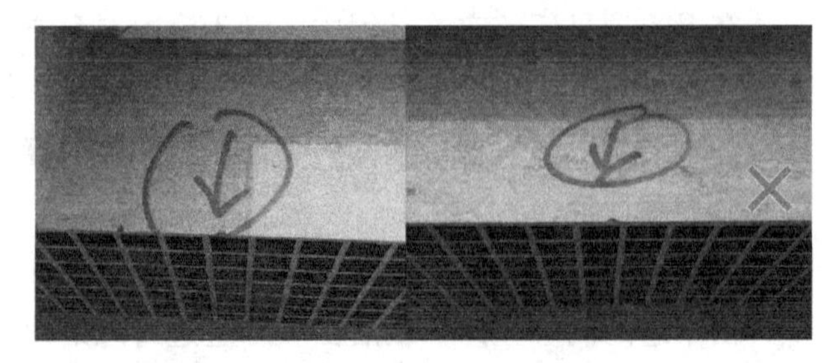

图 13-18　窗台板破损为不合格

知识拓展 3. 门窗套质量检测的更多内容：扫描二维码 13-4 可见。

二维码 13-4

知识拓展 4. 楼梯相关知识：扫描二维码 13-5 可见。

二维码 13-5

知识拓展 5. 中国古建筑花饰构件欣赏

5.1　宅门上的花饰构件如图 13-19 所示。

图 13-19　宅门上的花饰构件

5.2　门墩，抱鼓石上，通常雕刻一些中国传统吉祥图案的花饰。如图 13-20 所示。

图 13-20　抱鼓石花饰

5.3　门环上的花饰，民居大门门扇上环状金属环扣，也有的地方称作“铺首”。

它最直接的作用就是供人开拉门和敲门，是大门上的焦点，具有画龙点睛的作用，因而极具装饰意义。如图 13-21 所示。

图 13-21　门环花饰

5.4 飞檐，飞檐是中国建筑中民族风格的重要表现之一，其屋檐上翘，形如飞鸟展翅，轻盈活泼，是，我国传统建筑檐部形式。飞檐设计构图巧妙，造型优美的屋顶给人们以赏心悦目的艺术享受。飞翘的屋檐上往往雕刻避邪祈福灵兽，给人以美的享受和装饰效果。如图 13-22 所示。

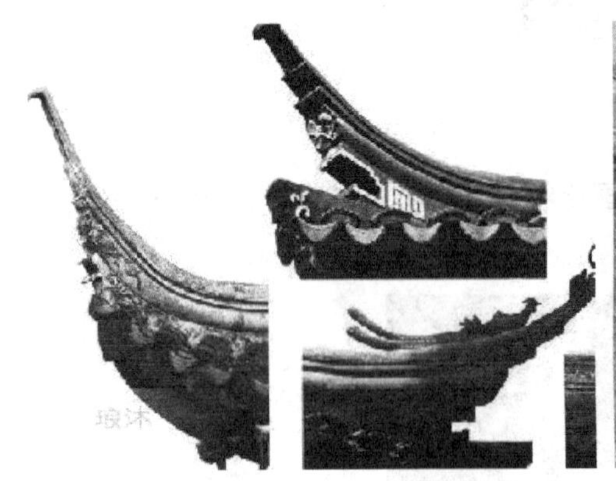

图 13-22　飞檐上的花饰

5.5 雀替，我国传统建筑中额枋下楣子上的装饰构件，用作划分室内空间。常用镂空的木格或雕花板做成，一般称作雀替，因其外形特征像鸟而得名，是木构件的装饰配件。如图 13-23 所示。

图 13-23　雀替花饰

【能力测试】

知识题作业（答案见二维码 13-6）

二维码 13-6

1. 填空题

1.1 细部工程是指室内的（　　　　　　　　　　　）、门窗套、护栏与扶手、花饰等的制作与安装。

1.2 检测橱柜的立面垂直度，所用工具为（　　　　　）。

1.3 细部工程是指室内的橱柜、窗帘盒、窗台板（　　　　　　　　　　　　　）等的制作与安装。

1.4（　　　　　　　　　　　）来检查窗帘盒、窗台板的上、下口直线度。

1.5 在门窗套质量检测中，要求门窗套表面（　　　　　　　　　　）、接缝严密、色泽一致，不得有裂缝、翘曲及损坏。

1.6 检测门窗套上口水平度时，用（　　　　　　　　　）来检查。

1.7 一般建筑物楼梯扶手高度为（　　）mm；平台上水平扶手长度超过 500mm 时，其高度不应小于（　　）mm；幼托建筑的扶手高度不能降低，可增加一道 500 ~ 600mm 高的儿童扶手。

1.8 扶手高度，通常用（　　）检查。

1.9 护栏与扶手的转角弧度应符合设计要求，（　　）应严密，表面应光滑，色泽应一致，不得有（　　）、翘曲及损坏。

1.10 花饰工程质量检测是包括对混凝土、（　　　　　　　　　　　　　　　　）石膏等花饰制造与安装的检测。

1.11 检测单独花饰中心位置有无偏移，用拉线和钢直尺检测。

实践活动作业

1. 活动任务

学生利用课余时间，以小组为单位，采取小组组长负责，做好以下实践活动的检测任务，并给出检测结果。

（1）教室、宿舍或家里的各类窗台板和窗帘盒的安装质量检测

（2）教室、宿舍或家里的门窗套的安装质量检测

（3）教学楼楼梯扶手和护栏的安装质量检测

（4）检测学校男士宿舍楼围墙上的水泥花饰的安装质量

2. 活动组织

活动实施中，对学生进行分组，学生 4 ～ 5 人组成一个工作小组，组长对每名组员进行任务分配。各小组制定出实施方案及工作计划，组长指导本组学生学习，依据检测验收规范，运用相应的检测工具，检查项目质量；对于存在质量问题的项目及部位，制定出改进措施和方法。指定专人填写、记录、整理、保存好各种检测技术文件，共同完成项目任务。

3. 活动时间

在各项目学习完成后，各组学生根据课余时间，及时自行组织完成。

4. 活动工具

图集、规范、计算器、铅笔、各种检测工具。

5. 活动评价

各细部工程质量检测完成后，填写质检报告单，报告单（扫描二维码 3 可见）可参见项目 3——抹灰工程质量检测与验收表 3-12“抹灰工程质量检测实践活动报告单”中格式及内容。

二维码 3

项目 14
建筑装饰工程室内环境质量检测

【项目概述】

主要是对建筑装饰工程室内环境质量，建筑装饰工程产生的室内空气污染，建筑装饰工程室内空气污染物的检测方法、建筑装饰工程室内空气质量检测验收记录做出了明确规定。建筑装饰工程室内空气质量检测项目主要有甲醛、苯、氨、TVOC 和氡。

【学习目标】

通过本项目的学习，你将能够：

1. 熟悉建筑装饰工程室内环境质量检测与验收标准规范；
2. 掌握建筑装饰工程室内空气污染的来源；
3. 会使用相关检测仪器和设备对室内空气环境污染物进行检测；
4. 会填写室内空气环境质量检测与验收的相关技术文件，并进行管理、整理、归档等。

【项目任务】

某新建小区样板间，装饰完工后需要对室内空气环境质量进行检测和验收，主要利用《民用建筑工程室内环境污染控制规范》GB 50325-2010（2013 年版）及《住宅室内装饰装修工程质量验收规范》JGJ/T 304-2013 等规范要求，对室内空气环境污染物进行检测。

【学习支持】

1.《民用建筑工程室内环境污染控制规范》GB 50325-2010（2013 年版）；
2.《住宅室内装饰装修工程质量验收规范》JGJ/T 304-2013；
3.《室内空气质量标准》GB/T 18883-2002；
4.《室内环境空气质量监测技术规范》HJ/T 167-2004；
5.《公共场所卫生检验方法 第 2 部分：化学污染物》GB/T 18204.2-2014。

【项目知识】

14.1 装饰工程室内环境质量一般规定

14.1.1 室内环境的概念

室内环境（indoor environment）指人们生活、工作、学习、社交及其他活动所处的相对封闭的空间，包括住宅、办公室、学校、教室、医院、候车（机）室、交通工具及体育、娱乐等室内活动场所。室内环境是相对于室外环境而言的。

14.1.2 室内环境质量的概念

国际标准化组织 ISO 于 2017 年 6 月出台了室内环境质量新标准 ISO 17772-1:2017，2018 年 4 月发布了 ISO/TR 17772-2:2018。ISO 17772 提出的室内环境品质（indoor environmental quality,IEQ）参数要求包括：温度、室内空气品质、照明和噪声，并规定了如何为环境设计建立这些参数。该标准适用于人类活动的室内环境和生产或工艺不会对室内环境造成重大影响的建筑。该标准定义室内环境品质（IEQ）的 4 个级别为：第一级别是高期望水平，也可以用于有特殊要求的敏感和弱势人群，如残疾人、病人、婴幼儿和老人等；第二级别是正常期望水平；第三级别是可接受的，适度的期望水平；第四级别是低期望水平，该级别仅适用于一年中的特定时期。

14.1.3 室内空气质量的定义

室内空气质量（Indoor Air Quality,IAQ）也称为室内空气品质。从 20 世纪初至今一直对室内空气质量进行研究，室内空气质量的定义随着研究而变化发展。

在 1989 年室内空气质量讨论会上，丹麦教授 P.O.Fanger 给出室内空气质量的定义为：空气质量反映了满足人们要求的程度，人们满意的空气环境就是高质量，反之，就是低质量。

我国原国家质量监督检验检疫总局、原卫生部、原国家环境保护总局联合制定了《室内空气质量标准》。该标准于2003年1月1日实施。该标准规定：室内空气应无毒、无害、无异常嗅味；室内空气质量参数及检验方法，包括物理、化学、生物和放射性四方面19项指标。该标准适用于住宅和建筑物。

14.1.4 我国建筑装饰装修工程室内环境质量标准规范

目前我国已经制定实施的建筑装饰装修工程室内环境质量标准规范主要有《民用建筑工程室内环境污染控制规范》、《住宅室内装饰装修工程质量验收规范》和《室内装饰装修材料有害物质限量》。

《民用建筑工程室内环境污染控制规范》中规定民用建筑工程验收时，必须进行室内环境污染物溶度检测，其限量应符合表14-1的规定。

民用建筑工程室内环境污染物浓度限量　　表14-1

污染物	Ⅰ类民用建筑工程	Ⅱ类民用建筑工程
氡（Bq/m^3）	≤200	≤400
甲醛（mg/m^3）	≤0.08	≤0.1
苯（mg/m^3）	≤0.09	≤0.09
氨（mg/m^3）	≤0.2	≤0.2
TVOC（mg/m^3）	≤0.5	≤0.6

注：本表中污染物浓度测定值，除氡外均指室内测量值扣除同步测定的室外上风向空气测量值（本底值）后的测量值；表中污染物浓度测量值的极限值判定，采用全数值比较法。

14.2 室内空气污染的主要来源

造成室内空气污染的因素很多，主要有室外空气污染物、人类活动产生的污染、建筑材料和装饰材料及家具释放的污染物等多方面造成的。建筑材料和装饰材料及家具产生的污染最为主要。在室内装饰装修过程中使用的装饰装修材料，如细木工板、纤维板、胶合板、油漆、涂料、胶粘剂以及家具、地毯等都会释放有机气体污染物，主要有甲醛，氨、苯、甲苯、二甲苯和氡等。

14.2.1 无机非金属材料

民用建筑工程所使用的无机非金属建筑主体材料，如砂、石、砖、砌块、水泥、混凝土、混凝土预制构件等中的放射性物质会造成放射性污染。加气混凝土和空心砖中含有氡。民用建筑工程所使用的无机非金属装修材料，包括石材、建筑卫生陶瓷、石膏板、吊顶材料、无机瓷质砖粘结材料等也含有放射性物质，会造成氡污染。

14.2.2 人造木板

人造木板是以植物纤维为原料，经机械加工分离成各种形状的单元材料，再经组合并加入胶粘剂压制而成的板材，包括胶合板、纤维板、刨花板等。饰面人造木板是以人造木板为基材，经涂饰或复合装饰材料面层后的板材。

14.2.3 涂料

民用建筑工程室内常用的涂料有水性涂料、水性腻子、溶剂型涂料和木器用溶剂型腻子，溶剂型涂料有醇酸类涂料、聚氨酯类涂料、硝基类涂料、酚醛防锈漆等。水性涂料和水性腻子会释放甲醛。溶剂型涂料和木器用溶剂型腻子中含有挥发性有机化合物（VOC）、苯、甲苯、二甲苯和乙苯等。

14.2.4 胶粘剂

胶粘剂有水性胶粘剂和溶剂型胶粘剂。水性胶粘剂主要有聚乙酸乙烯酯胶粘剂、橡胶类胶粘剂和聚氨酯类。溶剂型胶粘剂主要有氯丁橡胶胶粘剂、聚氨酯类胶粘、SBS胶粘剂。水性胶粘剂中含有挥发性有机化合物（VOC）和甲醛；溶剂型胶粘剂中含有VOC、苯、甲苯、二甲苯。聚氨酯胶粘剂还含有甲苯二异氰酸酯（TDI）。

14.2.5 水性处理剂

水性阻燃剂（包括防火涂料）、防水剂、防腐剂等水性处理剂中含有甲醛。

14.2.6 其他材料

民用建筑工程中所使用的阻燃剂和混凝土外加剂会释放氨，民用建筑工程室内装修时所使用的壁布、帷幕、壁纸和地毯等含有甲醛。

14.3 室内空气污染检测

14.3.1 民用建筑工程验收抽检数量

民用建筑工程验收时，应抽检每个建筑单体有代表性的房间室内环境污染物浓度，氡、甲醛、氨、苯、总挥发性有机化合物（TVOC）的抽检量不得少于房间总数的5%，每个建筑单体不得少于3间，当房间总数少于3间时，应全数检测。民用建筑工程验收时，凡进行了样板间室内环境污染物浓度检测且检测结果合格的，抽检量减半，并不得少于 3 间。

14.3.2 采样点设置

采样点设置会影响室内污染物检测的准确性，因此采样点设置科学合理，才能科学正确的反映室内空气质量。

（1）布点原则

1）代表性 能正确反映室内空气质量。

2）可比性 采样点的各种条件尽可能类似，以便对测试结果进行比较，应对所用的采样方法和采样仪器做具体规定。

3）可行性 采样点应选在有一定空间可供利用的地方。

（2）布点方法

1）采样点数量

采样前要对检测现场进行查看，根据室内面积大小和现场实际情况确定采样点，要求能正确反映室内空气污染物的污染程度。室内环境污染物浓度检测点数应按表 14-2 设置。

室内环境污染物浓度检测点数设置　　表 14-2

房间使用面积（m^2）	检测点数（个）
<50	1
≥ 50，<100	2
≥ 100，<500	不少于 3
≥ 500，<1000	不少于 5
≥ 1000，<3000	不少于 6
≥ 3000	每 1000m^2 不少于 3

2）采样点分布

采样点应均匀分布。当房间有 1 个检测点时，检测点设置在房间中央；当房间有 2 个及以上检测点时，检测点设置应采用对角线、斜线、梅花状均衡布点如图 14-1 所示，并取各点检测结果的平均值作为该房间的检测值。采样点应避开通风道和通风口，应距内墙面不小于 0.5m、距门窗不小于 1m。

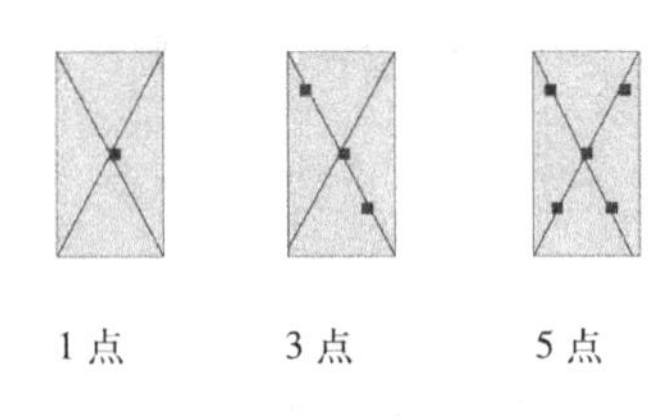

图 14-1　检测采样点布置图

3）采样点的高度

原则上与人的呼吸带高度一致，一般距楼地面高度 0.8 ～ 1.5m。

14.3.3　采样

1）采样时间及频次

民用建筑工程及室内装修工程的室内环境质量验收，应在工程完工至少 7 天以后，工程交付使用前进行。年平均浓度至少连续或间隔采样 3 个月，日平均浓度至少连续或间隔采样 18h；8h 平均浓度至少连续或间隔采样 6h；1h 平均浓度至少连续或间隔采样 45min。

2）封闭时间

检测甲醛、氨、苯、总挥发性有机化合物（TVOC）浓度时，对于采用集中空调的室内环境，应在空调正常运转的条件下进行；对于采用自然通风的室内环境，检测前应在对外门窗关闭 1 小时后进行。对甲醛、氨、苯、总挥发性有机化合物（TVOC）取样检测时，装饰装修工程中完成的固定式家具，应保持正常使用状态。

检测氡浓度时，对于采用集中空调的室内环境，应在空调正常运转的条件下进行；对于采用自然通风的室内环境，检测前应在对外门窗关闭 24h 后进行。

3）采样方法

具体采样方法应按各污染物检验方法中规定的方法和操作步骤进行。

4）采样记录

采样的同时要填写室内空气采样及现场监测原始记录，见表 14-3。

室内空气采样及现场监测原始记录　　表 14-3

采样地点				采样日期		
温度：		气压：		湿度：		风速：
项目	点位	编号	采样时间	采样流量（L/min）	采样浓度（mg/m^3）	仪器名称及编号

续表

现场情况及布点示意图：						
备注：						
采样及现场监测人员：		质控人员：		运送人员：		接收人员：

14.3.4 甲醛检测

甲醛的检测方法按照《民用建筑工程室内环境污染控制规范》的规定，采用甲醛简易取样仪器检测方法和《公共场所卫生检验方法 第2部分：化学污染物》GB/T 18204.2-2014 甲醛检测方法中的酚试剂分光光度法。

酚试剂分光光度法，检测仪器设备有大型气泡吸收管、大气采样仪、具塞比色管等，如图 14-2 ~图 14-6 所示。

采样和实验室检测的仪器设备应符合表 14-4 要求。

实验室甲醛检测仪器性能　　表 14-4

序号	检测仪器	性能指标要求
1	大型气泡吸收管	出气口内径为 1mm，与管底距离等于或小于 5mm，使用前检查磨口的气密性
2	大气采样仪	流量范围 0~1L/min，流量稳定可调，恒流误差小于 2%。使用时用皂膜流量计校准采样系统在采样前和采样后的流量，流量误差应小于 5%
3	具塞比色管	10mL
4	分光光度计	在 630nm 测定吸光度
5	温度计	精度 ±1.0℃
6	大气压力计	进度 ±0.2kPa

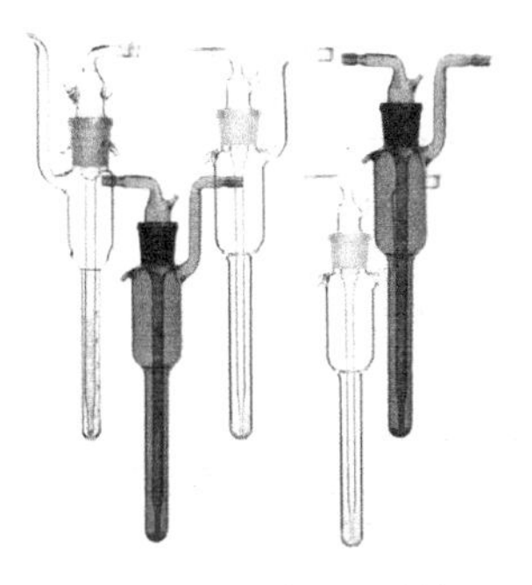
图 14-2　大型气泡吸收管

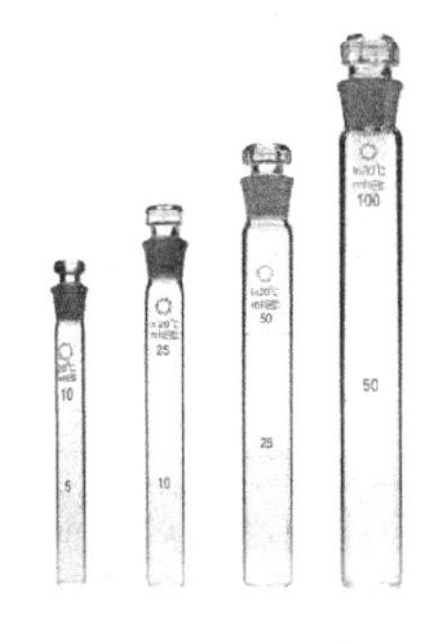
图 14-3　具塞比色管

图 14-4　大气采样器

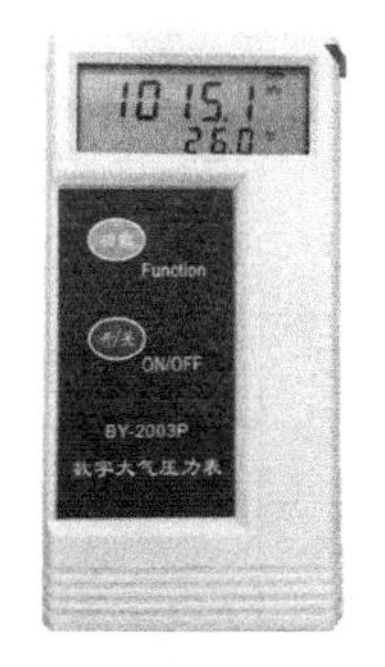

图 14-5　数字大气压表

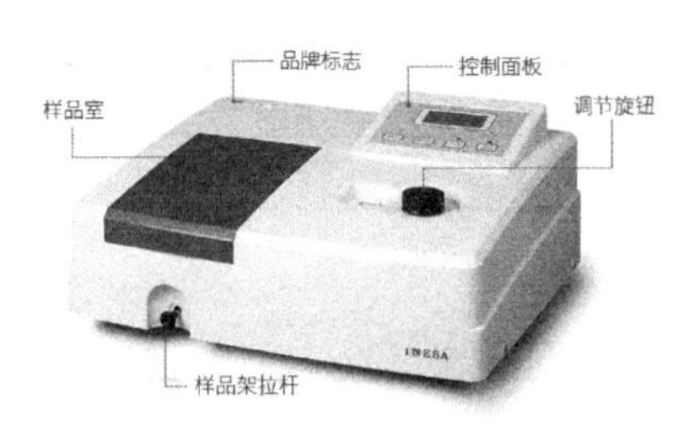

控制面板

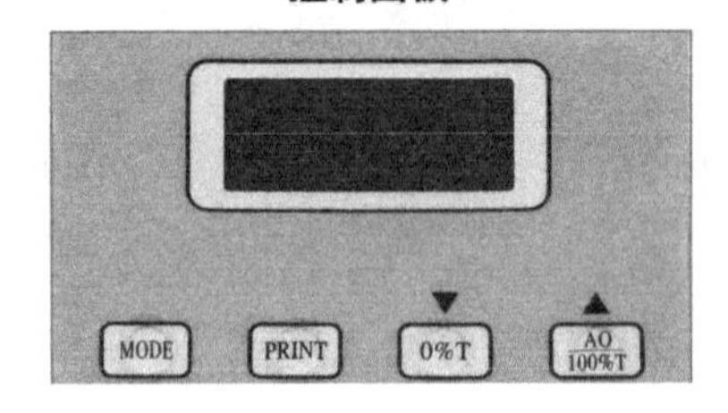

图 14-6　分光光度计

检测步骤为：检测试剂配制、采样、标准曲线的绘制、样品测定、数据处理、测量范围、精密度与准确度、干扰和排除。

14.3.5　苯检测

《民用建筑工程室内环境污染控制规范》GB 50325 规定苯的检测方法为气相色谱法。

空气中的苯应用活性炭管进行采集，然后经热解吸，用气相色谱法分析，以保留时间定性，峰面积定量。

检测仪器及材料有气相色谱仪及热解吸装置、毛细管柱、微量注射器等，如图 14-7 ～图 14-9 所示。

苯检测时仪器及设备应符合表 14-5 的规定。

主要仪器设备的规定　　　表 14-5

序号	检测仪器	性能指标要求
1	恒流采样器	在采样过程中流量应稳定，流量范围应包含 0.5L/min，并且当流量为 0.5L/min 时，应能克服 5 ～ 10 kPa 的阻力，此时用皂膜流量计校准流量，相对偏差不应大于 ±5%
2	热解吸装置	能对吸附管进行热解吸，解吸温度、载气流速可调
3	气相色谱仪	配备有氢火焰离子化检测器
4	毛细管柱	毛细管柱长度应为 30 ～ 50m 的石英柱，内径应为 0.53mm 或 0.32mm，内涂覆二甲基聚硅氧烷
5	注射器	容量 1μg，10μg
6	温度计	精度 ±1.0℃
7	大气压力计	进度 ±0.2kPa

图 14-7　气相色谱仪及热解吸装置

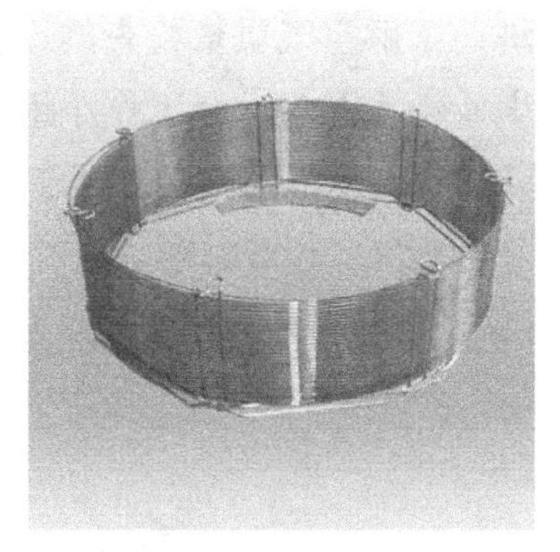

图 14-8　毛细管柱

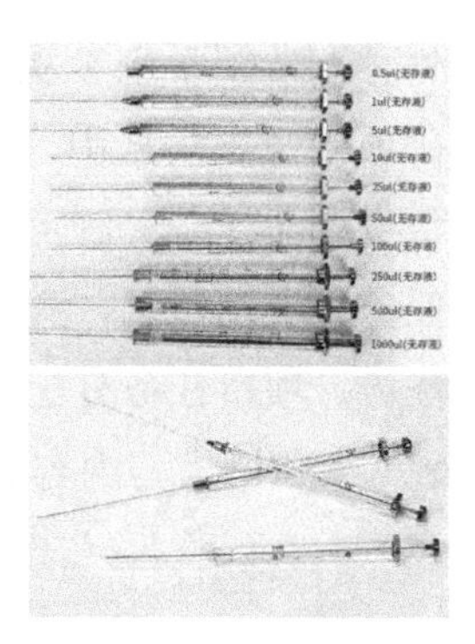

图 14-9　微量注射器

检测步骤为调配试剂溶液、采样、气相色谱分析、数据处理等。

14.3.6　氨检测

《民用建筑工程室内环境污染控制规范》GB 50325 规定氨的检测方法为靛酚蓝分光光度法。

空气中的氨被稀硫酸吸收，在亚硝基铁氰化钠及次氯酸钠存在下，与水杨酸生成蓝绿色的靛酚蓝染料，根据着色深浅，比色定量。

氨检测时仪器设备应符合表 14-6 的规定。

实验室甲醛检测仪器性能　　表 14-6

序号	检测仪器	性能指标要求
1	大型气泡吸收管	10mL 刻度线，出气口内径为 1mm，与管底距离为 3 ~ 5mm
2	空气采样器	流量范围 0 ~ 2L/min，流量可调且恒定，恒流误差小于 2%。使用时用一级皂膜流量计校准采样系统在采样前和采样后的流量，流量误差应小于 5%
3	具塞比色管	10mL
4	分光光度计	可测波长为 697.5nm，狭缝小于 20nm
5	温度计	精度 ±1.0℃
6	大气压力计	进度 ±0.2kPa

检测步骤为试剂配制、采样、标准曲线绘制、样品测定、数据处理、测定范围、精密度和准确度、干扰和排除等。

【项目实施】

1. 任务分配

联系一家有资质的室内空气检测中心，在业主装饰装修完成后进行室内空气质量检测时，带领学生参观调研，了解空气质量检查的设备、检测内容、检测程序及结果等。在项目任务实施中，学生 4 ～ 5 人为一个工作小组，选出组长一名，采用组长负责制，负责分配任务、制定项目实施方案，并协助教师在项目实施过程中指导学生，检查督促任务进展及质量，有问题与组员一起商讨解决，并及时汇报教师，以共同顺利完成项目任务。项目任务分配表扫描二维码 14-1 可见，详见项目 3——抹灰工程质量检测与验收表 3-4 中格式与内容。

二维码 14-1

2. 任务准备

（1）按照任务分配计划，制订参观调研空气质量检测中心、业主新家等地的方案、路线等；

（2）了解主要的规范标准，熟悉建筑装饰装修室内空气质量检测与验收的各种表格等技术文件。

3. 检测实施

（1）按照计划在空气质量检测中心、业主新家等地方，调研观看并识别空气检测设备；

（2）了解观看空气检测设备的检测内容和检测程序；

（3）熟悉观看技术员记录填写的技术文件和检验结果。

4. 项目评价

在上述参观调研任务实施中，按时间、质量、安全、文明环保评分，先自评，在自评的基础上，由本组的同学互评，最后由教师进进行总结评分。

项目任务完成后，填写项目实践任务考核评价表，扫描二维码 2 可见，可参见项目 3——抹灰工程质量检测与验收中表 3-11 格式及内容。

二维码 2

【知识拓展】

室内空气质量监测质量保证与质量控制

室内空气质量监测质量保证是贯穿监测全过程的质量保证体系，包括：人员培训、采样点位的选择、监测分析方法的选定、实验室质量控制、数据处理和报告审核等一系列质量保证措施和技术要求。

监测机构的基本要求：凡从事室内空气质量监测的机构，必须通过国家或省级计量认证。

监测人员的基本要求：凡从事室内环境空气质量监测的工作人员，须经专业技术培训，经有关部门考核合格后，持证上岗。正确熟练地掌握环境监测中操作技术和质量控制程序；熟知有关环境监测管理的法规、标准和规定；学习和了解国内外环境监测新技术、新方法。

监测人员对于所获得的监测数据资料应及时整理归档，认真填写各种监测表格，字迹工整。严禁弄虚作假，擅自涂改、伪造数据资料。要定期对所用仪器、仪表及各种监测用具进行检查、校准和维护。

采用仪器：采样仪器应符合国家有关标准和技术要求，并通过计量检定。使用前，应按仪器说明书对仪器进行检验和标定。采样时采样仪器（包括采样管）不能被阳光直接照射。

采样人员：采样人员必须通过岗前培训，切实掌握采样技术，持证上岗。

气密性检查：有动力采样器在采样前应对采样系统气密性进行检查，不得漏气。

流量校准：采样前和采样后要用经检定合格的高一级的流量计（如一级皂膜流量计）在采样负载条件下校准采样系统的采样流量，取两次校准的平均值作为采样流量的实际值。校准时的大气压与温度应和采样时相近。两次校准的误差不得超过5%。

现场空白检验：在进行现场采样时，一批应至少留有两个采样管不采样，并同其他样品管一样对待，作为采样过程中的现场空白，采样结束后和其他采样吸收管一并送交实验室。样品分析时测定现场空白值，并与校准曲线的零浓度值进行比较。若空白检验超过控制范围，则这批样品作废。

平行样检验：每批采样中平行样数量不得低于10%。每次平行采样，测定值之差与平均值比较的相对偏差不得超过20%。

采样体积校正：在计算浓度时应按检测方法要求将采样体积换算成标准状态下的体积。

现场监测的质量控制

人员要求：现场监测人员和质量控制人员要求具有仪器仪表、化学分析、标准传递、计算机、数据处理等多个相关专业知识的技术人员，必须接受严格的技术培训和考核，能正确和熟练掌握仪器设备的操作和使用，能迅速判断故障并能及时排除故障。

仪器校准：仪器使用前要进行零点校准及跨度校准。一般半年要进行一次多点校准。并必须定期计量检定。

填写现场监测记录：现场监测人员要认真填写现场监测记录并签名，现场质控人员审核现场监测的过程和核验监测记录合格后签名。

日常检查和维护：现场监测仪器要做好日常检查和维护，保证监测仪器处于良好的状态。

【能力测试】

知识题作业（答案见二维码14-2）

二维码14-2

1. 填空题

1.1 采样点的高度原则上与人的呼吸带高度一致，一般距楼地面高度（　　　　）。

1.2 苯的气相色谱法检测原理是空气中的苯应用活性炭管进行采集，然后经热解吸，用气相色谱法分析，以（　　　　）定性，（　　　）定量。

1.3 室内空气中主要污染物的来源有（　　　　　　　　　　　　　　　　）、水性处理剂、其他材料等。

2. 判断题

2.1 甲醛检测的仲裁方法是酚试剂分光光度法。（　）

2.2 采样记录不用采样时填写，采样过后补写也可以。（　）

2.3 检测TVOC使用的Tenax-TA吸附管，使用前应通氮气加热活化采样。（　）

实践活动作业

根据学校室内空气质量检测条件安排相关的实践活动。

要求掌握室内空气质量检测的相关知识、流程、认识了解一些空气质量检测的工具等。

项目15
建筑工程技术资料管理

【项目概述】

建筑工程技术资料是建筑工程建设过程中形成的各种形式的记录，它与工程实体质量紧密结合在一起，是建筑工程的重要组成部分，具有重要的价值，它既是反映工程质量的客观见证，又是对工程项目进行过程检查、质量评定、竣工核查的必备条件，也是对建筑工程进行检查、维修、管理、使用、改造的重要依据。

本项目以某工程的建筑装饰装修分部（子分部）工程验收为例，学习建筑装饰装修分部（子分部）工程质量检测和验收的相关技术文件的填写，并能够收集、整理、保管、归档和移交有关质量检测与验收资料。

【学习目标】

通过本项目的学习，将能够：

1. 认识建筑工程分部工程的划分原则；
2. 了解建筑装饰装修分部（子分部）工程质量验收程序、合格条件；
3. 填写建筑装饰装修分部（子分部）工程质量检测和验收的相关文件；
4. 掌握建筑工程技术资料的质量要求；
5. 掌握组卷基本原则；
6. 认识工程资料归档规定。

【项目任务】

2016年12月31日，某市文化广场工程建筑装饰装修分部工程已经完成。请你根据以上信息完成该工程装饰装修分部工程的相关质量验收技术资料的填写，并协助完成收集、整理、保管、归档和移交有关质量检测与验收资料。

【学习支持】

1.《建筑装饰装修工程质量验收标准》GB 50210-2018；
2.《建筑工程施工质量验收统一标准》GB 50300-2013；
3.《建设工程文件归档整理规范》GB/T 50328-2014；
4.《建筑工程技术资料管理规程》DB13（J）/T 145-2012；
5.《建设工程监理规范》GB/T 50319-2013。

【项目知识与实施】

建筑工程资料应实行分级管理，由建设、监理、施工等单位项目负责人负责全过程的管理工作。资料管理工作主要包括工程资料与档案的收集、积累、整理、立卷、验收与移交，工程建设过程中资料的收集、整理和审核工作应有专职人员负责，并对专职人员定期培训。

1．认识分部工程的划分原则

分部工程的划分按以下原则确定：

（1）按专业性质、建筑部位确定

建筑工程可分为地基与基础、主体结构、建筑装饰装修、建筑屋面、建筑给水排水及采暖、建筑电气、智能建筑、通风和空调、电梯、建筑节能等10个分部工程。

（2）当分部工程较大或较复杂时，可将其划分为若干个子分部工程。

分部工程可按材料种类、施工特点、施工程序、专业系统及类别等划分为若干个子分部工程。子分部工程可按相近工作内容和系统划分。

2．认识分部工程质量验收程序和组织

分部工程应由总监理工程师（建设单位项目负责人）组织施工单位项目负责人等进行验收；地基与基础、主体结构分部工程的勘察、设计单位工程项目负责人和施工单位技术、质量部门负责人也应参加相关分部工程验收。

3．了解分部工程质量验收合格条件

分部（子分部）工程质量验收合格应符合下列规定：

（1）分部（子分部）工程所含分项工程的质量均应验收合格；

（2）质量控制资料应完整；

（3）地基与基础、主体结构和设备安装等分部工程有关安全及功能的检验和抽样检测结果应符合有关规定；

（4）观感质量验收应符合要求。

4．填写分部（子分部）工程验收记录

分部（子分部）工程的验收，是质量控制的一个重点，由于单位工程数量的增大，复杂程度的增加，专业施工单位的增多，为了分清责任，及时整修等，分部（子分部）工程的验收就显得较重要，除了分项工程的核查外，还有质量控制资料核查；安全、功能项目的检测；观感质量的验收等。

（1）表头和说明栏部分

表15-1为“分部（子分部）工程质量验收记录”的表头说明栏。

1）表头的确定：

按照《建筑工程施工质量验收统一标准》中的《建筑工程分部（子分部）工程、分项工程划分》的划分标准，填上所验收分部、子分部工程的名称，进行分部工程验收时，用双横线划去“子分部”；进行子分部工程验收时，用双横线划去“分部。”

本项目是对建筑工程装饰装修分部工程的验收，因此表头部分填写“建筑装饰装修”字样即可。

2）说明栏部分的填写：

① 说明栏部分的工程名称应填写工程全称，与检验批、分项工程、单位工程验收表的工程名称一致。

② 结构类型填写按设计文件提供的结构类型填写。

③ 层数应分别注明地下和地上的层数。

④ 施工单位应填写单位全称，与检验批、分项工程、单位工程验收表填写的名称一致。

⑤ 技术部门负责人及质量部门负责人多数情况下填写项目的技术及质量负责人，只有地基与基础、主体结构及重要安装分部（子分部）工程应填写施工单位的技术部门及质量部门负责人。

⑥ 分包单位的填写，有分包单位时才填，没有就填“/”，主体结构不应进行分包。分包单位名称要写全称，与合同或图章上的名称一致。分包单位负责人及分包单位技术负责人，填写本项目的项目负责人及项目技术负责人。

“分部（子分部）工程质量验收记录”表头和说明栏　　表15-1

表C7-3 建筑装饰装修分部（子分部）工程质量验收记录编号：02-01-01

工程名称	某市文化广场	结构类型及层数	框剪	层数	地上15 地下1层
施工单位	某市建筑公司	技术部门负责人	贾某某	质量部门负责人	苏某某
分包单位	/	分包单位负责人	/	分包技术负责人	/

（2）验收内容

表15-2为“分部（子分部）工程质量验收记录”验收内容。

1）分部验收表中的“子分部工程”核查验收：

①子分部工程名称：按子分部施工的先后顺序，将子分部工程名称填上。

②分项工程数量：分别填写各子分部工程实际的分项工程数量。

2）子分部验收表中的“分项工程”核查验收：

①分项工程名称：指该子分部所含的所有分项工程，每一分项工程填写一栏；按分项工程第一个检验批施工先后顺序将分项工程名称填上。

②检验批数：指各分项工程所含的检验批总数，即分项工程质量验收记录上的检验批的数量。

③施工单位检查评定栏，填写施工单位自行检查评定的结果。自检符合要求的可打“✓”标注，否则打“×”标注。

④质量控制资料：应按《建筑工程施工质量验收统一标准》“单位（子单位）工程质量控制资料核查记录”中的相关内容来确定所验收的分部（子分部）工程的质量控制资料项目，按资料核查的要求，逐项进行核查。全部项目都通过，即可在施工单位检查评定栏内打“✓”标注检查合格。

⑤安全和功能检验（检测）报告：这个项目是指竣工抽样检测的项目，能在分部（子分部）工程中检测的，尽量放在分部（子分部）工程中检测。每个检测项目都通过审查，即可在施工单位检查评定栏内打“✓”，标注检查合格，由项目经理送监理单位或建设单位验收，监理单位总监理工程师。

⑥观感质量验收：经检查合格后，将施工单位填写的内容填写好，由项目经理签字后交监理单位或建设单位验收。监理单位由总监理工程师或建设单位项目专业负责人组织验收，在听取参加检查人员意见的基础上，以总监理工程师或建设单位项目专业负责人为主导共同确定质量评价：好、一般、差。

“分部（子分部）工程质量验收记录”验收内容　　表 15-2

<table>
<tr><th>序号</th><th>子分部工程名称</th><th colspan="2">分项数</th><th>施工单位检查评定</th><th>验收意见</th></tr>
<tr><td>1</td><td>建筑地面</td><td colspan="2">30</td><td>✓</td><td rowspan="8">各分项工程检验批验收合格，均符合设计文件及施工质量验收规范要求
同意验收</td></tr>
<tr><td>2</td><td>一般抹灰</td><td colspan="2">60</td><td>✓</td></tr>
<tr><td>3</td><td>门窗工程</td><td colspan="2">45</td><td>✓</td></tr>
<tr><td>4</td><td>吊顶工程</td><td colspan="2">15</td><td>✓</td></tr>
<tr><td>5</td><td>饰面工程</td><td colspan="2">30</td><td>✓</td></tr>
<tr><td>6</td><td>涂饰工程</td><td colspan="2">30</td><td>✓</td></tr>
<tr><td>7</td><td></td><td colspan="2"></td><td></td></tr>
<tr><td>8</td><td></td><td colspan="2"></td><td></td></tr>
<tr><td colspan="3">质量控制资料</td><td colspan="2">齐全，符合要求</td><td>同意验收</td></tr>
<tr><td colspan="3">安全和功能检测（检验）报告</td><td colspan="2">合格，符合要求</td><td>同意验收</td></tr>
<tr><td colspan="3">观感质量验收</td><td colspan="2">好，符合要求</td><td>同意验收</td></tr>
</table>

(3) 验收单位签字认可

表15-3为“分部(子分部)工程质量验收记录”签字栏。

参与工程建设责任单位的有关人员应亲自签名。勘察单位的项目负责人可只签认地基与基础分部工程;设计单位项目负责人可只签认地基与基础、主体结构分部工程;施工单位必须由项目经理亲自签认,有分包单位的,分包单位的项目经理必须签认其分包的分部工程;监理单位作为验收方,由总监理工程师签字确认验收。如果按规定不需要委托监理单位的工程,可由建设单位项目专业负责人签认。一般重要分部如地基与基础、主体结构分部验收时,加盖单位公章,其余分部、子分部仅签字即可。

“分部(子分部)工程质量验收记录”签字栏　　表15-3

验收单位	分包单位	项目经理:/　　年　月　日
	施工单位	项目经理:郑××××年×月×日
	勘察单位	项目负责人:　××年×月×日
	设计单位	项目负责人:　××年×月×日
	监理(建设)单位	总监理工程师:杨某某 (建设单位项目专业负责人)　×年×月×日

5. 掌握建筑工程资料的质量要求

(1) 建筑工程资料应使用原件。因各种原因不能使用原件的,应在复印件上加盖单位公章,原件存放,注明原件存放处,并有经办人签字及时间。

(2) 建筑工程资料应真实反应工程的实际情况,资料的内容必须真实、准确,与工程实际相符合。

(3) 建筑工程资料的内容必须符合国家有关的技术标准。

(4) 建筑工程文件资料应字迹清楚、图样清晰、图表整洁,签字盖章手续完备。签字必须使用档案规定用笔。如采用碳素墨水、蓝黑墨水等耐久性强的书写材料,不得使用铅笔,圆珠笔、红色墨水、纯蓝墨水、复写纸等易褪色的书写材料。工程资料的照片及声像档案应图像清晰、声音清楚、文字说明内容准确。

(5) 建筑工程文件中文字材料幅面尺寸规格宜为A4幅面(297mm×210mm)。图纸宜采用国家标准图幅。

(6) 建筑工程文件的纸张应采用能够长期保存的耐久性强、韧性大的纸张。图纸一般采用蓝晒图,竣工图应是新蓝图。计算机出图必须清晰,不得使用复印件。

(7) 所有竣工图均应加盖竣工图章。

(8) 竣工图章的基本内容应包括“竣工图”字样、施工单位、编制人、审核人、技术负责人、编制日期、监理单位、现场监理、总监。竣工图章尺寸为50mm×80mm。竣工图章应使用不易褪色的红印泥,应盖在图标栏上方空白处。

（9）利用施工图改绘竣工图，必须标明变更修改依据；凡施工图结构、工艺、平面布置等有重大改变，或变更部分超过图面 1/3 的，应当重新绘制竣工图。

（10）不同幅面工程图纸应按《技术制图复制图的折叠方法》GB/T 10609.3-2009 统一折叠成 A4 幅面（297mm×210mm），图标栏露在外面。

6．组卷基本原则

（1）工程资料组卷应遵循自然形成规律，保存卷内文件、资料内在联系。工程资料可根据数量多少组成一卷或多卷；

（2）工程准备阶段文件和工程竣工文件可按建设项目或单位工程进行组卷。

（3）监理资料应按单位工程进行组卷。

（4）施工资料应按单位工程进行组卷，并应符合下列规定：

1）专业承包工程形成的施工资料应由专业承包单位负责，并单独组卷；

2）建筑节能验收资料应单独组卷；

3）电梯应按不同型号单独组卷；

4）室外工程应按室外建筑环境、室外安装工程单独组卷：

5）当施工资料中部分内容不能按一个单位工程分类组卷时，可按建设项目组卷；

6）施工资料目录应与其对应的施工资料一起组卷。

（5）竣工图应按专业分类组卷。

（6）工程资料组卷内容应符合“附录 A 工程资料类别、来源及保存要求表”的规定。

7．认识工程资料归档规定

（1）归档资料必须完整、准确、系统，能够反映建筑工程建设的全过程。归档的资料必须经过分类整理，并应组成符合要求的案卷。资料归档范围和归档保存单位详见“附录 A 工程资料类别、来源及保存要求表”的规定。

（2）根据工程建设的程序和特点，归档可以分阶段进行，也可以在单位或分部工程通过竣工验收后进行。一般规定勘察、设计单位应当在任务完成时，施工、监理单位应当在工程竣工验收前，将各自形成的有关工程档案交建设单位归档。

（3）勘察、设计、施工单位在收齐工程文件并整理立卷后，建设单位、监理单位应根据城建管理机构的要求对档案文件的完整、准确、系统情况和案卷质量进行审查，审查合格后向建设单位移交。

（4）工程档案一般不少于两套，一套由建设单位保管，一套（原件）移交当地城建档案馆。

（5）勘察、设计、施工、监理等单位向建设单位移交档案时，应编制移交清单，双方签字、盖章后方可交接。

（6）凡设计、施工及监理单位需要向本单位归档的文件，应按国家有关规定和对表的要求单独立卷归档。

【能力测试】

知识题作业（答案扫描二维码 15-1 可见）

二维码 15-1

1. 填空题

1.1 分部工程的划分应按（　　　　）、（　　　　）确定。

1.2 当分部工程较大或较复杂时，可按（　　　　）、（　　　　）、（　　　　）、（　　　　）及（　　）等划分若干子分部工程。

1.3 分部（　　　）工程观感质量验收结论通常可评定为（　）、（　　）、（　）。

1.4 工程资料应保存原件，因各种原因不能保存原件的，应在复印件上（　　　　）、（　　　　　　）、并有（　　　　）及填写（　　　）。

1.5 施工资料应按（　　　　）进行组卷，其中专业承包工程形成的施工资料应由（　　　　）单位负责，并单独组卷；（　　　　）验收资料应单独组卷；电梯应按（　　　　）单独组卷；室外工程应按（　　　　　　　　　　）单独组卷；竣工图应按（　　　　）组卷。

2. 简答题

请简述建筑装饰装修分部工程质量验收程序和组织是什么？

实践活动作业

请收集本教材学习过程中形成的所有工程检测和验收的技术资料，并填写完成建筑装饰装修分部工程的验收表格。扫描二维码 15-2 可见空白表格。

二维码 15-2

参考文献

[1] 中华人民共和国住房和城乡建设部. 中华人民共和国国家质量监督检验检疫总局. 建筑装饰装修工程质量验收标准GB 50210-2018[S]. 北京：中国建筑工业出版社，2018.

[2] 中华人民共和国住房和城乡建设部.建筑工程质量验收统一标准GB 50300-2013[S].北京：中国建筑工业出版社，2013.

[3] 中华人民共和国住房和城乡建设部.住宅室内装饰装修工程质量验收规范JGJ/304-2013[S].北京：中国建筑工业出版社，2013.

[4] 中华人民共和国住房和城乡建设部.建筑地面工程施工质量验收规范GB 50209-2010[S].北京：中国建筑工业出版社，2013.

[5] 金煜.建筑工程质量检测[M]. 北京：中国建筑工业出版社，2015.

[6] 周明月.装饰工程质量检测与验收[M]. 北京：机械工业出版社，2017.

[7] 刘吉林，穆雪.主体结构工程施工[M]. 武汉：中国地质大学出版社，2018.